科技农业
高效农业

药用水蛭养殖与
人工繁育

主　编　孙国梅　王　凤

副主编　李　欣　张　杰

编　委　刘玉霞　何　英　白大伟

　　　　　金　悦　宋师波　李建惠

　　　　　白雪健　杨亚飞

科学技术文献出版社
SCIENTIFIC AND TECHNICAL DOCUMENTATION PRESS
·北京·

图书在版编目（CIP）数据

药用水蛭养殖与人工繁育 / 孙国梅，王凤主编. —北京：科学技术文献出版社，2013.1（2024.5重印）

ISBN 978-7-5023-7496-9

Ⅰ.①药… Ⅱ.①孙… ②王… Ⅲ.①药用动物—水蛭—饲养管理②药用动物—水蛭—人工繁育 Ⅳ.① S865.9

中国版本图书馆 CIP 数据核字（2012）第 210885 号

药用水蛭养殖与人工繁育

策划编辑：孙江莉　责任编辑：孙江莉　责任校对：唐　炜　责任出版：张志平

出　版　者	科学技术文献出版社	
地　　　址	北京市复兴路15号　邮编100038	
编　务　部	（010）58882938，58882087（传真）	
发　行　部	（010）58882868，58882870（传真）	
邮　购　部	（010）58882873	
官 方 网 址	www.stdp.com.cn	
发　行　者	科学技术文献出版社发行　全国各地新华书店经销	
印　刷　者	北京虎彩文化传播有限公司	
版　　　次	2013 年 1 月第 1 版　2024 年 5 月第 5 次印刷	
开　　　本	850×1168　1/32	
字　　　数	118千	
印　　　张	5	
书　　　号	ISBN 978-7-5023-7496-9	
定　　　价	12.00元	

版权所有　违法必究

购买本社图书，凡字迹不清、缺页、倒页、脱页者，本社发行部负责调换

前　言

　　水蛭在淡水水域内生长繁殖，是我国传统的药用水生动物，其干制品炮制后入药，具有活血、散瘀、通经的功效，在临床上多用于中风、经闭、截瘫、心绞痛、无名肿疼、肿瘤、颈淋巴结核等病症。近年的研究发现，水蛭制剂在防治心脑血管疾病和抗癌方面具有特效，应用范围进一步扩展。

　　历史上水蛭产品以自然捕捞为主，近年来由于农药、化肥用量的增加，以及工农业"三废"对环境的污染，野生自然资源锐减，但市场需求却在逐年增加。因此，人工养殖水蛭不仅是缓解供需矛盾的必由之路，也为人们提供了又一条致富的新途径。

　　水蛭养殖是新兴行业，很多东西尚在研究和摸索中，所以在投产前，要购买有关水蛭养殖的书籍和通过收集相关资料，考证本地是否符合养殖水蛭的条件，对水蛭的生物学特性、生活习性、繁殖特性和生长发育规律进行初步的了解，然后再对水蛭养殖的前景、技术、销路、价格等进行认真考察并进行分析总结。在这里告诫广大水蛭养殖爱好者，在没有掌握一定技术时尽量从小规模做起，展开实践性养殖，待技术成熟后，再扩大规模。那种不顾规模、不顾技术掌握程度而梦想一举成功的做法是要不得的。真诚祝愿水蛭养殖者，用实践的智慧去寻找水蛭养殖成功的真谛！

　　本书编写成员在收集大量资料的同时，深入水蛭养殖场，认真整理水蛭养殖经验后编写了本书，力争为我国水蛭养殖事业做出些许贡献。在此向相关参考资料的原作者致谢。但限于编者的水平，书中不妥和错误之处敬请有关专家及读者批评指正。

编　者

目　录

第一章　水蛭养殖概述

水蛭（图 1-1），俗称蚂蟥、蚂鳖、肉钻子等，隶属于环节动物门，蛭纲，颚蛭目，水蛭科，是世界上很多国家传统的药用水生动物，其干制品炮制后入药，具有活血、散瘀、通经的功效，在临床上多用于治疗中风、经闭、截瘫、心绞痛、无名肿疼、肿瘤、颈淋巴结核等病症。

近年来随着现代生物技术的应用和提高，水蛭素的提取加工和医学临床应用，以及中成药的开发、研制和推广，对水蛭的需求量逐年增多。同时，日本、韩国、东南亚各国也从我国大量进口水蛭，造成国内水蛭市场紧缺，价格上涨。

图 1-1　宽体金线蛭

历史上水蛭产品以自然捕捞为主，近年来由于农药、化肥用量的增加，以及工农业"三废"对环境的污染，再加上近年来对水蛭掠夺性捕捉，野生自然资源锐减。

从今后医药市场发展来看，水蛭原材料的紧缺状况短期内难以缓解，供需矛盾会越来越大，靠自然资源的再生，目前也无法解决这一矛盾。为了弥补这一自然资源的短缺，保护珍贵而有限的野生资源，人工养殖水蛭势在必行。巨大的市场需求，为人工养殖水蛭营造了广阔的市场前景。

第一节　　水蛭人工养殖的价值

水蛭作为一种有价值的药用动物，中医和西医的使用量日益增多，价格也逐步攀升。从目前来看，人工养殖水蛭是投资少、见效快、效益高的新型致富项目之一。

一、营养价值

水蛭为无脊椎软体动物，无骨架结构，主要成分是蛋白质、多肽、微量元素和脂肪酸素等。

1. 蛋白质

水蛭的成分中主要是蛋白质，并含有 17 种氨基酸，以谷氨酸、天门冬氨酸、亮氨酸、赖氨酸和缬氨酸含量较高。其中人体必需氨基酸 7 种，占总氨基酸含量的 39％以上。氨基酸总含量约占水蛭的 49％以上。

水蛭的唾液中含有水蛭素，这种物质有极强的抗凝血作用。研究发现，水蛭的唾液中含有近 20 种具有医疗作用的活性成分，目前科学家尚无法人工合成。水蛭在吸血时能将水蛭素等活性物质注入人体，从而达到理疗和减轻病痛的效果。

2. 多肽

水蛭中含有由多个氨基酸组成的低分子多肽，是水蛭发挥药效和保健功能的主要活性成分。

3. 微量元素

水蛭体内含有钙、铬、铜、铁、镁、锰、钒、锌等 28 种元素，其中钒、锰、铜、铁、锌元素是人体内必需的微量元素。锌和铁的含量较高，分别为 1.4 毫克/克和 1.36 毫克/克。锌元素的含量比大豆中的锌含量高 8 倍，比猪肝中的含量高 2 倍。近年的研究表明，锌元素广泛地参与蛋白质酶、糖类、核酸、脂肪的代谢等基本生化过程，能提高人体免疫力，具有抗癌功能。

4. 脂肪酸

水蛭体内含有 16 个脂肪酸的组分，其中饱和脂肪酸占 63.34%，不饱和脂肪酸占 34.05%。近年来研究发现，单不饱和脂肪酸在降低总胆固醇中有害胆固醇的同时，不会降低有益胆固醇。另外，单不饱和脂肪酸具有特殊的物理化学特征和生理功能，具有调节人体脂质代谢、治疗和预防心脑血管疾病等功效。

二、药用价值

我国对水蛭的药用价值认识很早，水蛭入药首载于《神农本草经》，后在《本经》《本草衍义》《本草纲目》等古医籍中均有详细的记载；清代出版的《温病条辩》《普济方》等书籍中都有水蛭治疗癥瘕积聚、血瘀经闭及跌打损伤等方剂。

现代医学研究与临床证明，水蛭含有水蛭素、肝素、抗血栓素、组织胺样等物质，临床上多用于治疗中风、经闭、心绞痛、无名肿痛、跌打损伤、高血压、心力衰竭、多发性脑血栓、心肌梗死、急性血栓静脉炎、产后血晕、颈淋巴结核等疾病，尤其对高血脂、血栓病有良好的治疗效果。

到目前为止，我国批准生产的以水蛭为主要原料的中药有几十种，有近千余家医药企业研制开发了以水蛭为主要原料的新药、特药和中成药，如大黄䗪虫丸、溶栓胶囊、欣复康、活血通脉胶囊、逐瘀活血胶囊、步长脑心通、血栓心脉宁、通心络、活血通、脑血康、疏血痛注射液、抗血栓片、脑乐康、韩氏瘫速康、百劳丸、圣喜血栓心脉宁、舒血通注射液等。

近年来，水蛭在医学上的新用途也正受到人们广泛的关注。国内外的整形外科和显微外科医生利用水蛭消除手术后血管闭塞区的瘀血，可使静脉血管畅通，减少坏死现象发生，为静脉血形成侧支循环赢得了时间，从而提高了再植或移植手术的成功率，消除后遗症。

现代科技发现，新鲜水蛭唾液中含有的多种活性物质正受到各国科学家的广泛重视，已成为资源动物利用的一个热门话题。鲜水蛭唾液中的水蛭素是迄今为止发现的世界上最强的天然特效凝血酶抑制剂，能够阻止血液中纤维蛋白原凝固，抑制凝血酶与血小板的结合，具有极强的溶解血栓的功能，在处理诸如败血休克，动脉粥样硬化、脑血管梗死、心血管病、高血压、眼科以及多种缺少抗凝血酶的疾病方面，显示出巨大的优越性和广阔的市场前景。同时，水蛭制品在心血管系统（对心功能恢复、缩小心肌梗死面积、保护心肌、减少心律失常发生、起到积极作用）、肾脏系统（通过其活血化瘀、改善血液流动学和肾内前列腺素的代谢而实现对肾脏缺血的保护作用）、降血脂（对高脂血症病人具有使胆固醇、三酰甘油降低，动脉粥样硬化斑块消退，斑块内胆固醇结晶、炎性细胞减少等作用）等方面也表现出优越的疗效。

目前，水蛭不仅应用在中、西医临床上，在保健品、化妆品上用量也逐步上升。据对全国 17 家大中药材批发市场调查，日本、韩国及欧美等国家每年从我国大量进口水蛭干品应用于保健品、化妆品领域。

第二节　水蛭的形态特征

水蛭适应性强，耐饥能力强，具有极强的抗病力，水流缓慢的小溪、沟渠、坑塘、水田、沼泽及湖畔，温暖湿润的草丛是水蛭栖息、摄食和繁殖的场所，在全国大部地区的湖泊、池塘以及水田中均有生长，但主要分布于黑龙江、吉林、辽宁、内蒙古、陕西、河北、河南、山东、江苏、浙江、福建、湖北、湖南、江西、贵州、安徽、四川、广东、广西、云南、海南、香港、台湾等省（区）。

一、水蛭的外部形态

水蛭是水蛭科种类的统称，是地球上比较古老的低等动物之一，至少存在 4000 万～5000 万年。世界上已知的水蛭种类有600 余种，在医学上应用较广泛的是宽体金线蛭、菲牛蛭、医蛭

和尖细金线蛭，目前我国中药材市场上经营的干品水蛭主要是宽
体金线蛭。

1. 宽体金线蛭

宽体金线蛭（图 1-2）是目前我国人工养殖的主要品种。自
然界里，宽体金线蛭是一种广泛生活于我国湖北、山东、江苏、
浙江、安徽等省的湖区，以及长江流域以北各省河滩与各类淡水
水域里，主要食料以螺蛳、河蚌、水中软体动物的幼体、浮游生
物和水生昆虫幼虫为食。

图 1-2　宽体金线蛭

宽体金线蛭蛭体大、扁平、呈纺锤形，背凸腹平，体前端尖
细，后端钝圆。成年体长 6～18 厘米，宽 1.3～4.5 厘米，1 年
以上的每条达 20 克，2 年以上的每条达 50 克。背面通常暗绿
色，具 6 条细密的黄黑色斑点组成的纵线，背中线 1 条较深。腹
面淡黄色，杂有许多不规则的茶绿色斑点。体环数 107 节，各环
之间宽度相似，前吸盘小，颚齿不发达，不吸血，后吸盘圆大，
吸附力强。肛门开口于最末两环背面。在第 33 与 34 节，第 38
与 39 节的环沟间分别有一个雄性生殖孔和雌性生殖孔。

2. 菲牛蛭

菲牛蛭又名棒纹牛蛭（图 1-3），分布于我国的福建、广东、广西、海南、云南、香港、台湾等地的沼泽、池塘、沟渠及稻田里。棒纹牛蛭是最近两年来市场上比较紧俏的水蛭品种之一，是目前体内水蛭素含量比较高的水蛭品种之一，多用于提取水蛭素，其食性比较杂，喜食血液，但是我国适宜菲牛蛭养殖的地区仅限福建、广东、广西、海南、云南、香港、台湾等热带地区，其他比较寒冷的地区要是能解决越冬问题则也可以养殖。

图 1-3　菲牛蛭

菲牛蛭体长 100～160 毫米，最大的长度为 225 毫米，最大体宽为 10～19 毫米，后吸盘的直径常等于体的最大宽度。体有 103 环。眼点 5 对，位于第 2、3、4、6、9 体环的背侧上。雌雄生殖孔相隔 7 环，体表颜色极为艳丽，背面为草绿色，腹面淡灰绿色或砖红色。背面中央有黑褐色纵纹 1 条，自前端延伸至肛孔，有 22 根棒状条纹，在体的正侧面有 1 条带状横行条纹，呈棕黄色或古铜色，故称之为"铜边蚂蟥"。

3. 尖细金线蛭

尖细金线蛭又名茶色蛭（图 1-4）、柳叶蚂蟥、牛鳖，主要分布于我国黑龙江、吉林、辽宁、内蒙古、河北、山东、河南、江苏、浙江、湖北、陕西、湖南、江西、福建、香港、广西、贵州、云南、四川、台湾岛等省（区），主要栖息于水田、沟渠、水池边水草上以及溪流中。食性较杂，以田螺、螺蛳及昆虫幼虫等为食，但最喜欢吸食牛血。

图 1-4　尖细金线蛭

尖细金线蛭身体细长，呈披针形，头部极细小。前端 1/4 尖细，后半部最宽阔。体长 2.8～8.1 厘米，体宽 0.35～0.8 厘米。尾吸盘甚小。体背部为茶褐色，有 6 条黄褐色或黑色斑纹构成的纵纹，其中以背中一对最宽。各纵纹在每节中环上似有白色乳突 1 个。背中纹上的黑色素有规则地膨大，成为 20 对新月形的黑褐色斑，较清晰的约 18 对。身体两侧各有 1 条黄色纵带。腹面灰黄色，两侧边缘有黑褐斑点聚集成的带各 1 条。体节分为 105

环，环沟分界明晰。眼 5 对，位于 2～6 节的两侧。雄性生殖孔位于第 35 环节，雌性生殖孔位于第 40 环节。肛门位于第 105 环节与尾吸盘的交界线上，前吸盘很小，口孔在其后缘的前面。

二、水蛭的内部构造

1. 体腔、循环及呼吸系统

水蛭与其他环节动物的一个重要区别是水蛭没有真正的血管系统，而由真体腔系统取代。水蛭真体腔是由肌肉、结缔组织或葡萄状组织构成复杂的管道网，在一些水蛭的成体中可以看到明显的间隔体腔和隔膜，有纵走的背、腹血管以及身体前、后端的血管环，是完全封闭的系统，形成体腔和血管两种充液循环系统。在蛭纲中所谓窦是指血管系统内的腔，而腔隙则是指体腔系统的腔，这种区分在肠部特别重要。血液在背血管中流向前，而在腹血管中流向后，体腔液的流动是通过水蛭的运动以及背腔隙和中央腔隙里背血管的搏动来实现的，体腔液执行气体交换、运输养料和排泄的功能。

水蛭靠皮肤呼吸，其皮肤中有许多毛细血管可与溶解在水中的氧进行气体交换。离开水面时，其表皮腺细胞会分泌大量黏液于身体表面，结合空气中游离的氧，再通过扩散到血体腔系统完成呼吸过程。

2. 消化系统

水蛭的消化系统十分完善，由口、口腔、咽、食道、嗉囊、肠、直肠和肛门等部分组成。

口腔内有三个颚，颚上有角质纵嵴，嵴上各具一列细齿，吸血时用前吸盘紧吸宿主的皮肤，然后由颚上齿锯开一个"Y"形的伤口，进行吸血，在吸血的同时，咽腺（又称唾液腺）可以分泌抗凝血素（又称水蛭素），注入伤口防止宿主血液凝固。

口腔下接肌肉质的咽，咽壁周围有发达的肌肉，以利于抽吸血液。咽后为一短的食道，末端通入大的嗉囊，嗉囊共有 11 对，末对最长，因嗉囊容量大，故吸血量可超过其体重 2～10 倍。嗉囊之后是肠，肠是食物消化的主要场所。水蛭的消化道中主要是肽链外切酶（很少有淀粉酶、脂肪酶及肽链内切酶），因此消化缓慢，即使每年只取一次血，也不会饿死。肠后为短的直肠，以肛门开口在后吸盘前背面。

水蛭的排泄器官亦称为后肾，后肾是由 17 对肾管构成的，位于身体的中部，每节有 1 对。由于水蛭真体腔的退化，其后肾埋于结缔组织中，肾内端为具纤毛的肾口，并伸入体腔管中。肾口后是一个非纤毛的肾囊，囊后为肾管，肾管中的尿液通过肾孔排出体外。

水蛭的排泄系统对维持身体的水分及盐分平衡有重要作用。在干燥环境中，即使表皮分泌大量的黏液也不能有效地控制水分的丧失。如医蛭在相对湿度 80%，温度 22℃时，经 4～5 天体内水分减少到 20%，再持续下去就会死亡。一旦放回水中，又可复活。

3. 神经系统和感觉器官

水蛭的神经与蚯蚓相似，也具有链状的神经系统。脑位于第六体节，是由 6 个神经节愈合形成，也有 1 对咽下神经节，躯干部共有 21 个神经节，其中腹吸盘处的神经节是由 7 个神经节愈合而成。由躯干部的每个神经节分出两对侧神经，前面的 1 对支配该体节背面部分，后 1 对支配该体节腹面部分。

感官包括光感受细胞和感觉性细胞群两种类型。

（1）光感受细胞：光感受细胞集中在身体的前端背面2～10个眼点，这些眼比高等动物眼的结构简单得多，仅由一些特化的表皮细胞、感光细胞、视细胞、色素细胞和视神经组成，视觉能力较弱，主要是感受光线方向和强度。

（2）感觉性细胞群：在水蛭的体表中，分布有许多感觉性细胞群，也称为感受器。它们由表皮细胞特化而成，其下端与感觉神经末梢相接触。感受器在头端和每一体节的中环处分布较多。按照功能不同，感受器可分为物理感受器（触觉感受器）和化学感受器两类。

①物理感受器：物理感受器主要感觉水温、压力和水流的方向变化，有些具有触觉作用或感觉作用。

水蛭的触觉敏感，能根据水波相当准确地确定波动的中心位置并迅速游去，因此，在水田作业时，人的双脚动得越厉害，游来的水蛭就越多。在有水蛭的场所，只要用一根木棒在水中划动几下，就可以召引水蛭游来。

水蛭对包括食物在内的化学反应都局限于头部背唇及口部皮肤上的化学感受器。水蛭为了取食、生殖和自身的防御必须不断地通过光、水波、化学物质及物理刺激来接受周围环境的信息，对每种信息又有相应的感觉结构。在身体中部体节有由两极细胞构成的皮肤感受器，这种感受器对微弱的水扰动和光刺激都非常敏感，可以发现和传导这些微弱刺激。所有的皮肤感受器都是通过神经系统的传导，使身体做出相关行为的反应。

②化学感受器：化学感受器主要感受水中化学物质的变化和对食物的反应。水蛭的头部化学感觉器很发达，能对水中的化学物质起强、弱、急、缓等不同的反应，实验证明，水蛭对甲酸、丙酸、异丁酸、柠檬酸、盐酸、酚、氨的反应都很强烈，在200毫升水中加入1～2滴上述药品，即产生强烈的震颤反映，并急

速离开水体。对醋酸的反应较弱,若在同样体积的水中加入两滴醋酸,5分钟后,水蛭的前吸盘才开始离开水体。水蛭对同样数量的糖类、甲醇、乙醇、甘油和樟脑不发生反应。

4. 生殖系统

水蛭雌雄同体,雄性生殖器官有精巢10对,各有输精小管通入腹神经索两侧的输精管,输精管由后向前平行延伸至前端膨大的贮精囊,再到细的射精管然后进入阴茎,在射精管的细管汇入膨腔处的壁上有疏松的前列腺,其分泌物可包囊精子。

雌性生殖器官有卵巢一对,由两条输卵管在第Ⅺ节内会合成总输卵管,通入膨大的阴道末端,开口于雌孔。

5. 运动系统

水蛭的运动既不像爬行动物依靠足,也不像鱼类依靠尾部摆动,而是靠体壁的伸缩和前后吸盘的配合而运动的。吸盘在水蛭的运动、取食和生殖过程中,起着很重要的作用,也是其生活中赖以固着物体的重要工具。

(1)水蛭的体壁:水蛭的体壁是由表皮细胞及肌肉层组成的,表皮之下为环肌、斜肌、纵肌以及背腹肌。

(2)水蛭的运动:水蛭是一种半寄生生活的水生动物,运动可以分为游泳、尺蠖式运动和蠕动三种方式。在水中可采用游泳的形式,即靠背腹肌的收缩,环肌放松,身体平铺伸展如一片柳叶,波浪式向前运动。尺蠖运动和蠕动通常是水蛭离开水时在岸上或植物体上爬行的形式。尺蠖运动时先用前吸盘固定,后吸盘松开,体向背方弓起,后吸盘移到紧靠前吸盘处吸着,这时前吸盘松开,身体尽量向前伸展,然后前吸盘再固定在某物体上,后吸盘松开,如此交替吸附前进。蠕动是使身体平铺于物体上,当前吸盘固定时,后吸盘松开,身体沿着水平面向前方缩短,接着后吸盘固定，前吸盘松开，身体又沿着平面向前方伸展。

第三节　水蛭的生活习性

水蛭的生活习性是其生长发育的基本方面，人工饲养水蛭，必须首先掌握其生活习性，才能因地制宜进行饲养管理，保证饲养成功，并获得效益。

1. 生长习性

水蛭为卵生动物，种蛭产下的卵茧经 23～29 天时间在适宜的温度、湿度环境下即可孵出幼蛭，幼苗入水 3 天后开始进食。10 天左右开始蜕第一次皮，蜕皮一次为一龄。水蛭的生长发育较快，孵出的幼蛭生长 4～6 个多月，体长可达到 6～10 厘米。若营养不足，或在野生状态下，有的需 3～4 年的时间，才能交配繁殖。

人工养殖状态下，若食物充足，生长环境合适，生长期 1 年以上的宽体金线蛭，体重可达 20 克以上，2 年的宽体金线蛭个别可长至 50 克左右，这样的水蛭成品率最高，肉质肥厚，干品外观漂亮，质量好。

2. 特殊的食性

水蛭为杂食性动物，以吸食动物的血液或体腔液为主要生活方式，常以水中浮游生物、软体动物为主饵，人工养殖条件下以各种动物内脏、淡水螺蛳、淡水田螺、河蚬、水蚤、水蚯蚓、植物残渣等作饵，颗粒大小适于吞食时，有时也吸食水面或岸边的腐殖质。

水蛭每次吸血量很大，吸食后食料在数个月内依靠一种共生的假单孢杆菌慢慢地消化，所以即使它每年只吸一次血，也不会饿死。

3. 繁殖特性

水蛭一般要历时 14～19 个月的生长发育，有些个体才开始性成熟，才具有繁殖的能力，每条种蛭均可繁殖，每年可繁殖 2～3 次。也就是说只有经过蛰伏越冬的成熟个体才可能在春季进行交配和产卵茧，这也是水蛭繁殖率低的主要原因。

水蛭雌雄同体，异体交配，体内受精，水蛭同时具备雌雄生殖器官，交配时互相反方向进行，生活史中有性逆转现象，存在着性别角色交换，在一生的不同时期扮演不同的角色。每年春、秋两季，水温超过 15℃时交配，20℃左右时爬上岸，在离水面 10～20 厘米处的湿土上产卵。

（1）交配：水蛭的交配与蚯蚓相似，交配时头端方向相反，雄生殖孔对着对方的雌生殖孔完成受精交配。

（2）卵茧的形成：亲体交配后的 1 个月，生殖器可分泌一种稀薄的黏液，夹杂空气而成肥皂沫状（图 1-5），然后分泌另一种黏液，成为上层卵茧壁包于生殖带的周围，卵从雌生殖孔产出，在茧壁和身体之间的空腔内，并向茧中分泌一种蛋白液，亲体逐渐向后方蠕动退出，在退出的同时，前吸盘腺体分泌形成栓，塞住茧前后两端的开孔，整个产卵过程约 30 分钟，每条水蛭一次产茧 1～4 个。

卵茧产在泥土中数小时后，茧壁变硬，壁外的泡沫风干，壁破裂，只留下五角形或六角形短柱所组成的蜂窝状或海绵保护层（图 1-6）。

宽体金线蛭的卵茧呈卵圆形，大小为（22～33）毫米×

图 1-5　正在生产的卵茧

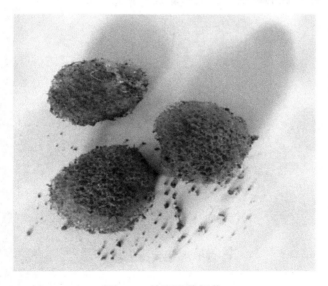

图 1-6　挖取后的蛭茧

（15～24）毫米。茧膜分两层，外部是一层海绵状保护层，里面是卵茧膜。如不计海绵层，卵茧实体大小为（17～24）毫米×（11～27）毫米。卵茧重 1.1～1.7 克。

（3）孵化：如果温度、湿度适宜，受精卵便直接在茧内发育，宽体金线蛭的卵茧约经 23～29 天孵出，每个茧内可孵出 10～20 条幼蛭（图 1-7）。出茧时幼蛭自茧两端的开孔（主要是从较尖的一端）爬出，并先在海绵层的网孔中盘绕一些时候才离开卵茧。倘茧内幼蛭较多，常在第一天孵出 10 余条，次日孵出剩余的数条，幼蛭大小为（6.2～19）毫米×（2.2～3.6）毫米。初孵出时呈软木黄色，体背部的两侧各排列 7 条细的紫灰色纵纹。随着幼蛭的生长，纵纹间的色泽逐渐变化，形成 5 条由两种斑纹相间组成的纵纹。出茧的幼蛭能独立生活。

图 1-7　出茧的幼蛭

4. 善逃性

水蛭喜欢爬行，喜在阴凉处躲避高温，一旦受到外界干扰攻击马上卷缩成团，尤其喜欢在有水的墙上爬行，所以池边要做好防逃设施。有暴风雨时要做好防逃工作。

5. 对声音的负趋性

水蛭的生长场所要求具有一定的水域，温暖、安静、饵料（动、植物）繁多。噪音，尤其是震动，对水蛭的生长不利。因此，选择场址时应避开车辆来往频繁的交通沿线和有噪声、震动的铁路沿线、矿山、采石场等地。

6. 避光性

水蛭对光的反应比较敏感，具有避光的特性，尤其是强光照射时，呈现出负趋性。因此，水蛭白天常躲在水生植物之下或水旁潮湿的泥土中，很少在外面活动，夜间则出来游泳、觅食活动。

7. 冬眠特性

水蛭属变温动物，冬季在泥土中蛰伏冬眠，冬眠是水蛭对寒冷的一种适应形式。当寒冷到来之前，水蛭活动逐渐减弱，水温低于10℃时就会停止摄食，便钻入水底或池边泥土中休眠。一般情况下，水蛭在冬眠前1个多月，无论是成年水蛭还是幼蛭，其食欲变得旺盛，食量也增大起来，以便体内大量积累营养物质，供冬眠期间消耗。

在自然状态下，水蛭一般蛰伏深度为15～25厘米，长江流域由于冬季温度较高，蛰伏深度为7～15厘米。因此，人工养殖必须在养殖池塘采取保温措施，协助水蛭冬眠越冬。

3～4月出蛰活动，当水温低于10℃时，常躲藏在水边由枯草和淤泥缠绕结成的泥团里，水温高于15℃时，常钻出泥团活动，静浮于水内。当水的氧溶量低于0.7毫克/升时，纷纷钻出水面，爬到岸边草丛中或水中的草丛上，呼吸空气中的氧气。在空气闷热、气压较低的情况下，水中氧溶量降低，水蛭表现出不安，向水表面和岸边移动，在饲养管理时一定要引起注意，以防逃跑，造成损失。

8. 再生性

水蛭横向切断后，能从断裂部位重新长出两个新个体，这是水蛭特有的再生能力。

第四节　水蛭对环境的要求

水蛭是软体动物，喜欢在石块较多、水草、藻类比较丰富的水域生活，这样的环境有利于吸盘固着、运动、取食、隐蔽和栖息，水蛭不喜欢在水较深、底部淤泥较多的环境中生活。水蛭有时也爬到岸边潮湿的地方活动，有时在潮湿的岸边栖息，同时在潮湿泥土较多的岸边繁殖。因此，养殖水蛭要根据其特性创造合适的环境。

1. 温度

温度对水蛭的生长、活动影响很大。在秋末冬初，气温低于10℃时，蛭类开始进入水边较松软的土壤中，蛰伏深度在15～25厘米（长江流域为7～15厘米），进入冬眠。第二年开春后，地温稳定在15℃左右时，蛭类开始出土活动。

水温是影响蛭类繁殖的重要环节，通常水体温度不到11℃，它不能繁殖。蛭类交配需要温度在15℃，卵茧的孵化温度在20℃左右，合适的水温可以加快蛭类卵茧的孵化进程。

这里需要提醒的是宽体金线蛭是生活在大湖与河滩的北方种，不能忍耐高热和暴风雪，对冷比对热更能适应。通常保持在15～25℃以下最理想，应避免温度超过25℃，这样产卵茧周期较长。宽体金线蛭需要在低温下蛰伏1～3个月才能交配和产卵茧。目前有人将成熟的宽体金线蛭投入稻田以及运往广东等地饲养与繁殖，这些都是不符合水蛭对温度要求的。

2. 水体条件

水对水蛭来说是极其重要的，大多数的水蛭喜欢静水（活水）。一般聚集在沿岸的水生植物上，这些植物就是它们栖息固着的物体，也为它们提供了防御外敌的场所。水体深度不同，栖息的密度也不同。

（1）酸碱度：水蛭对水的酸碱度（pH 值）的适应性比较广，可在 pH 值为 4.5～10 这样比较广泛的范围内长期生存，若水体 pH 值为 6.5～7.0，则是水蛭生活的最适水质。当 pH 值超过 10 时，由于有机物的严重污染或腐殖质的腐败所产生的毒性物质，可使水蛭不适应或死亡。因此，在人工饲养水蛭时，当发现水质过肥或腐败物质较多时，要及时测定酸碱度，并及时采取换水等措施。

（2）盐度：淡水中生活的水蛭种类，大多生活在含盐量不得超过 1‰的淡水湖泊、河流或池塘中。

（3）水深：水蛭高度聚集在沿岸带的水生植物上和浅水区域，这些植物为水蛭的运动提供了固着的物体，也为他们提供了预防天敌和隐蔽的场所。在不同深度的水体里，水蛭的密度不同，一般沿岸、水草上密度最大，水底最少。生产实践证明，水蛭养殖池的水深应不少于 0.8～1.2 米，水太浅，水体调节温度能力下降，水温会随气温而升高或降低，导致水蛭死亡。

（4）水的含氧量：水蛭大多生活在含溶解氧 0.7 毫克/升的水域中，溶氧量过低时，水蛭会不适应或钻出水面。在气候闷热时，由于受低气压的影响，水中的溶氧量降低，水蛭会表现出不安，并向水面或岸边转移。因此，要根据气候条件及时采取换水等措施防止水蛭逃逸。如果使用含有氯气的自来水，必须在储水池内暴气 24 小时以上。

（5）水流：水蛭体表的触觉感受器对水流的反应非常敏感，即使伸一下手指或用小棍轻划一下水面，也会引来水蛭。同时水蛭能准确地确定波动中心的位置，并迅速地游来，搅动得越厉害，游来的水蛭就越多。因此，可根据水蛭这一特性，人工养殖水蛭设置的投料台，要同时设有水响的装置，这样可招来水蛭觅食。

（6）水的污染程度：水蛭的饲养与繁殖需要有充足氧气、无污染和非碱性的水，否则会使养殖的水蛭因水质不适而外逃或"全军覆没"，给养殖户带来不应有的损失。

3. 光线

水蛭对光的反应比较敏感，尤其是强光照射时，呈现出负趋性。水蛭的避光性，并不是不需要光，在完全没有光的情况下，水蛭会生长缓慢，甚至出现不繁殖的现象。因此，在人工养殖水蛭的过程中，要避免强光直接照射，并给予适当的暗光环境，使水蛭能健康地发育生长。

4. 产卵场所

岸边裸露的土壤是水蛭生长和繁殖的重要场所，水蛭的卵茧通常产在含水量在 30%～40% 的不干不湿岸边的裸露土壤中。因此，要求岸边裸露土壤的透气性要好，土壤过干（土壤的含水量低于 30% 时），易使卵茧失水，不利于卵茧的孵化；土壤过湿

（土壤的含水量高于 40% 时），易板结成泥，不利于透气，也不利于卵茧的孵化。因此，在人工养殖水蛭时，要考虑水蛭的这些特性，给其创造一个良好的繁殖空间。

5. 天敌

水蛭的天敌主要有田鼠、蛙类、黄鼠狼、蛇、小龙虾等，在建造养殖池（塘）时，要充分考虑到水蛭天敌入侵的可能，采取必要的防范措施，以阻止天敌进入养殖池（塘）内。

第五节　养殖水蛭应注意的问题

我国的水蛭人工养殖，起步于 20 世纪 80 年代后期，但当时缺乏对水蛭的生态学和生物知识研究，因而收效甚微。自 20 世纪 90 年代以后，相关专家对水蛭的生活习性、食性、生殖、生态等进行了较全面系统的研究观察，初步解决了人工养殖的饵料、生长发育环境和冬眠等一系列问题，使水蛭养殖有了初步的发展。但目前的养殖技术还很不理想，在国内目前最好的成活率也就是在 40%～50%。

对于猪、牛、羊、鸡、鸭、鹅等常规养殖品种来说，水蛭养殖是一项新兴事业，因此，希望欲搞水蛭养殖的朋友们在动手之前要向真正精通这方面技术的专家咨询并去访问真正实践过这一工作的人，以避免不必要的经济损失。

1. 技术问题

水蛭的饲养与繁殖是一件具有相当难度的工作，费时费工，又必须细心和耐心才能养殖成功，不像有些媒体、网站所说的那样"水蛭生命力强，繁殖极快，易于饲养管理，人工养殖规模可大可小，投资少，效益高"，无任何风险。在实际调查中发现，温度、湿度、噪音等影响水蛭成活率的因素众多，任何一个小环节都可能影响水蛭的采收率。因此，要告诫养殖户，选择养殖水蛭，必须先掌握可靠技术，这样才能确保收益。

第一，在投产前，要购买有关水蛭养殖的书籍和收集相关资料，考证本地是否符合养殖水蛭的条件（养殖水体行不行，水源行不行，环境适合不适合，有没有长期发展和扩大的地理前景），对水蛭的生物学特性、生活习性、繁殖特性和生长发育规律进行初步的了解。

第二，在掌握了一定理论知识的基础上，再亲自咨询精通这方面技术的专家并去访问真正实践过这一工作的人，然后到药材市场考察了解一下实际情况，再亲自或组织相关人员，到养殖场实地参观学习。

初学养殖水蛭者，千万不要到"打一枪换一个地方"的所谓"养殖培训中心"、"引种速成班"等地方学习和引种。一定要认真考察、分析，到有信誉保证、有良好售后服务、有固定养殖场、有一定养殖规模的正规场家引种。

这里要提醒引种者，到准备购种的养殖公司考察之前，首先要向公司附近的人打听一下基本情况，了解一下近年来公司的养殖和发展状况。如果养殖公司限时或限制参观，这家公司肯定是假的。另外，也不要以培训费的多少作为真假的标准，认为收费高的就是好的养殖公司。

考察时要注意准备购种的养殖公司采用什么养殖模式、有没有防逃设施、有没有产卵池、有没有人工孵化技术、有没有小苗精养技术、能否看到各种规格的水蛭，如果缺失任何一个环节，说明种场可能是炒种的。如果陪同考察的人员说，水蛭很好养，成活率90％以上，技术一、二天就能学会，没有任何风险，这肯定是炒种公司。因为只有长期的养殖者才能在养殖的过程中总结和积累出经验和技术，所以找一家真正的养殖场去学习和考察才是最重要的。

在学习和考察过程中要了解水蛭养殖的实际技术，掌握水蛭的初加工方法，懂得经济核算。只有这样，才不至于打无把握之仗，确保养殖能成功，从而获得比较理想的经济效益。

第三，水蛭养殖是近十几年新兴的一个特种养殖行业，远没有猪、牛、羊、鸡、鸭、鹅的养殖技术那么成熟，也不是参加短期培训就能全部学好的技术。在实际养殖过程中会遇到很多从没碰到过或没有学习到的知识或问题，所以，要坚持长期学习，积累经验，在实际中找到适合自己成功的养殖之路。

2. 引种问题

水蛭养殖能否成功，引种是第一关，如何引好种，是养殖者们最关心的核心问题。水蛭的种源可以从野外采集也可以从已经饲养成功的养殖户或养殖场（基地）购买。

野外采集要注意品种选择，防止品种混杂和没有经济价值的水蛭混入。

购买水蛭，并不是任何地方都能引进优良的水蛭种，引种时不能求富心切，一定要明辨是非。这里要特别提醒初学养殖者，千万别相信有什么杂交品种，如"中××号水蛭""农××号特大蛭""杂交水蛭"等，这完全是在误导你、欺骗你。现在宽体金线蛭是目前个体最大的水蛭，是我国人工养殖的主要品种。

另外，引种时要坚持就近原则，不要舍近求远。挑选水蛭时应以临近产子期为好，这样可在较短时间内获得经济效益，节约成本。

3. 养殖规模问题

根据已拥有的土地和水域者来说，其他投入包括水电、运输、药品、工具及机械设备等的购置和建设投资。因此，养殖要根据各项投入事先进行计算、筹集资金，最后确定养殖水蛭的规模。另外，还要做好财力、物资上的准备。

水蛭行业的投资可大可小，要根据自己的经济状况来定。但笔者希望初学养殖者不要投资太大，要从小做起，稳中求实，等有了实践经验与技术，再逐步扩大。大面积养殖要慎重，在没有技术和经验的条件下最好不要盲目从事，除非你有很好的经济来源。那种梦想一举成功或一夜暴富的想法是要不得的，一定要保持清醒的头脑。

4. 养殖模式问题

水蛭养殖方式多种多样，但要根据自己的养殖规模和养殖条件在养殖模式中选择一个最合适自己的养殖模式。

利用房前屋后土塘、泥坑、小水域养殖水蛭，如果是小规模、积累经验性的养殖没有问题，但作为商品养殖主要看能不能取得经济利润。

5. 饵料问题

养殖水蛭数量少的一般养殖户，基本上不用花钱就能解决饵料问题。但大型的水蛭养殖场则应考虑养殖水蛭食用的活饵，或与屠宰场联系动物血等。

6. 销路问题

特种养殖由于其"特"决定了其销路之"窄"。虽然商品水蛭紧缺，但市场并非敞开收购，药商以自己的销路为前提收购，各级药材站也是根据去年医院的用量以销定购。所以，引种者一定要亲自到药材市场考察了解一下实际情况，有可能的话寻找一个可靠的合作伙伴，这是解决特种养殖销路的关键之一。如果你能回答"养后的产品卖给谁"这个问题了，就可以引种了。

"养殖有风险，投资须谨慎"。任何一种养殖业，总有想不到或做不到的事情，这就要求养殖者在投资前要有足够的思想准备，抗衡经济风险的能力，量力而行。

第二章　养殖场地的建造

水蛭养殖方式多种多样，可挖土池养殖，或建水池养殖，也可利用废池塘、水沟、低产田等养殖。但不论采用何种方式，都要根据当地的实际情况，因地制宜的进行改造或新建。

第一节　养殖场所的选择与布局

一、养殖场址的选择

选择合适的饲养场地，是建好养殖场、养好水蛭的前提。要周密考虑，尽可能地做到经济合理、适用安全，无论是利用旧有池塘还是新建养殖池，都要既考虑到水蛭的生活习性和要求，又要考虑地形、水质、土质、运输、电力、排灌等条件，保证水蛭生活环境舒适，健康地生长发育。

1. 位置

水蛭具有水生性、野生性、变温性和特殊的食性。根据水蛭的生活习性，要求选择具有一定水域、温暖、安静的场所。噪音，尤其是震动，对水蛭的生长不利。因此，应避开车辆来往频繁的交通沿线和有噪声、震动的矿山、采石场等地区。

2. 水源、水质

在养殖前，应测定准备养殖地的水质是否适宜水蛭生存，水源是否充足。

（1）水源：水源分为地面水源和地下水源，无论是采用哪种水源，一般应选择在水量丰足，水质良好的地区建场。采用河水或水库水作为养殖水源，要考虑设置防止野生鱼类及鱼卵进入的设施，以及周边水环境污染可能带来的影响。使用地下水作为水源时，要考虑供水量是否满足养殖需求。

选择养殖水源时，还应考虑工程施工等方面的问题，利用河流作为水源时需要考虑是否筑坝拦水，利用山溪水流时要考虑是否建造沉砂排淤等设施。养殖场的取水口应建到上游部位，排水口建在下游部位，防止养殖场排放水流入进水口。

（2）水质：决定水质质量的理化指标主要有温度、盐度、含氧量、pH值、水色和肥度等。根据水蛭对水体的要求，对部分指标或阶段性指标不符合规定的养殖水源，应考虑建设源水处理设施并计算相应设施设备的建设和运行成本。对于严重污染的水域，例如出现水颜色反常、浑浊度增大、悬浮物增多、有毒物质增加、发生恶臭等现象，则绝对不能使用。同时还要考虑该水域在1年内甚至若干年内的水位变化情况，保证做到旱时有水，涝时不淹。

（3）排灌：养殖池的水位应能控制自如，排灌方便，要做到旱能灌，涝能排。尤其要防止洪水的冲击，以免造成不应有的损失。

3. 地形

地形的选择应以背风向阳、环境优良为好。这样，春秋季节可增加光照时间，冬季可防风抗寒。同时优美的环境，夏季既可以防暑，又可以增加活体饵料的数量，为水蛭提供充足的活体饵料。

4. 土壤、土质

在规划建设养殖场时，要充分调查了解当地的土壤、土质状况，不同的土壤和土质对养殖场的建设成本和养殖效果影响很大。

池塘土壤要求保水力强，最好选择黏质土或壤土的场地建设池塘，这些土壤建塘不易透水渗漏，筑基后也不易坍塌。

砂质土或含腐殖质较多的土壤，保水力差，容易渗漏、崩塌，不宜建塘。含铁质过多的赤褐色土壤，浸水后会不断释放出赤色浸出物，对水蛭生长不利，也不适宜建设池塘。pH 值低于 5 或高于 9.5 的土壤地区不适宜挖塘。

5. 交通与电力

交通方便，可给产品和饲料的运输带来便利，同时可节省时间，减少交通运输上的费用开支。220 伏电力除日常照明外，增氧机等都需用电，应能保证供应。

6. 动物性饵料繁殖场地

规模化人工养殖水蛭，对动物性活饵料的需求量很大，除利用屠宰场畜、禽鲜血外，还应人工养殖一些水蛭喜食的动物性饵料，如浮游生物、螺类、贝类、水生软体昆虫等，以弥补天然饵料之不足。

二、规划布局

养殖场的规划建设既要考虑近期需要，又要考虑到今后有发展余地的可能。

1. 基本原则

（1）合理布局：根据养殖场规划要求合理安排，做到布局协调、结构合理，既满足生产管理需要，又适合长期发展需要。

（2）利用地形结构：充分利用地形结构规划建设养殖设施。

（3）就地取材，因地制宜：在养殖场设计建设中，要优先考虑选用当地建材，做到取材方便、经济可靠。

（4）搞好土地和水面规划：养殖场规划建设要充分考虑养殖场土地的综合利用问题，利用好沟渠、塘埂等土地资源，实现养殖生产的循环发展。

2. 布局形式

养殖场的布局结构，一般分为池塘养殖区、管理人员休息区、水处理区等。养殖场的池塘布局一般由场地地形所决定。

规模化养殖水蛭，必须具备繁殖池、幼苗精养池、商品蛭池（网箱）三种不同类型。

（1）繁殖池（塘）的建造：繁殖池（塘）用于种蛭的繁殖。繁殖池（塘）一般为泥土池（图 2-1）或水泥池（图 2-2），一般南北走向为宜，池底要根据地形向一侧倾斜，一则有利于排灌，二则可以区分出深水区和浅水区（可克服单纯设定水深度的局限性）。蓄水后池（塘）水深要达到 0.8~1 米。池（塘）的长、宽要根据养殖规模的大小、场地的条件以及养殖池（塘）的建造方式灵活掌握，但一般繁殖池（塘）最大不要超过 200 平方米。

泥土繁殖池（塘）如果渗水，则要对池（塘）底进行防渗处理，如用三合土打垫、铺设塑料薄膜等。其次在处理后的池（塘）底面上，要放一些有机质含量较高的泥土，即基质。

水蛭的卵茧通常产在含水量在 30%~40% 的不干不湿的岸

图 2-1　泥土繁殖池

图 2-2　水泥繁殖池

边土壤中，土壤的透气性要求良好。土壤过干，土壤的含水量低于30％时，易使卵茧失水，不利于卵茧的孵化；土壤过湿，即土壤的含水量高于40％时，易板结成泥，不利于透气，也不利于卵茧的孵化。因此，在人工养殖水蛭时，要根据水蛭的这些特性，在无论是泥土池（塘），还是水泥池（塘）都要在四周靠墙壁设1～1.5米宽的繁殖台，繁殖台高出水面10～20厘米。做繁殖台的土应为高含腐殖质的疏松沙质土壤，便于水蛭打洞产茧，切忌用黄黏土。繁殖台上可种些旱草，以便产卵、孵化时遮阴保湿。齐繁殖台面要设溢水口，注水口要高于水面，使注水口和水面之间有一定的落差。各水口的孔径可根据池（塘）大小灵活设置。

排水口一般有两个：一个为超水面排水口（即溢水口），如因下雨等原因使水面上涨时，可通过此口将多余的水排出养殖池外；另一个是排干水用的排水口，当需要清池时，可使水全部排出养殖池外，一般设在养殖池的底部。不管哪一种排水口，都要加设60目的防逃网罩。在排水时，要时刻检查网罩是否有破损，防止水蛭外逃。

在繁殖池（塘）的四周不可栽植大型落叶树木，以防秋季大量树叶落入池中，使池中污染，造成水蛭死亡。可在繁殖池（塘）的水底或水面上种植一些水生植物，如轮叶黑藻、金鱼藻、浮萍、凤眼莲、藕等，为水蛭创造一个良好的生存环境。另外，还要注意防除水蛭的天敌。

（2）幼苗精养池：幼苗精养池用于饲养1月龄以内的幼苗。幼苗精养池要建成水泥池，可分为室外精养池（图2-3）和池内精养池。幼苗精养池不必设置繁殖台，喂饵台可根据投放的幼苗数量合理安排尺寸，放养量少时可设置在两边，放养数量多时可在四周都设置，精养池四周不要栽植树木，池内的水温可以通过增减水生植物的数量或设置遮阳网来控制，以便幼苗精养池有足够的阳光，使幼苗能顺利蜕皮（没有足够的阳光，蛭苗会因缺钙蜕不了皮）。

图 2-3　室外幼苗精养池

　　生产调查中发现，有的养殖者在室内建造水泥幼苗精养池，幼苗在室内精养 1 个月后，再放到室外商品蛭池（塘）内饲养。室内精养管理比较方便，并且各方面都容易控制，如果有问题能够及时采取相应措施，也容易摸清规律，不防一试。如果不在室内建造幼苗精养池，准备相应数量的大塑料盆也可。

　　设置幼苗精养池数量按一个 10 平方米精养池能喂养幼苗 15 万条计算。

　　（3）商品蛭池：商品蛭池用于饲养青年蛭，除留出一部分做种外，其余部分要进行加工处理。商品蛭池的数量要根据幼蛭的数量最少按 5 倍设计。投放时可根据池的大小、多少灵活掌握投放密度，但最高不能超过规定品种密度的上限。

　　①泥土池（图 2-4、图 2-5、图 2-6）或水泥商品蛭池（图

2-7、图 2-8）的建造和繁殖池的建造相同，面积大小应按每亩*
5 万～6 万条计算，一般可设置多个商品蛭池（沟），但每个池的
面积最好不要超过 100 平方米。

图 2-4　商品蛭泥土池（1）

　　②网箱（图 2-9）：网箱多用于商品水蛭的养殖，不用于种
蛭和幼苗的养殖。网箱养殖商品蛭，合适的水域主要有河道、水
库、湖泊、大面积池塘等。

　　河道、水库、湖泊网箱养殖要求水源无污染，四季水位较稳
定，水深至少 1.5 米，透明度 50 厘米左右。

　　大面积池塘网箱养殖要求水深在 1.2 米以上，池塘水质良
好，无污染，池塘水透明度 35 厘米左右，溶氧较丰富。

3. 蛭池入地深度和池内载体深度

　　养殖池的类型有水泥池、土池、网箱，比较而言，水泥池效

　　　＊1 亩＝666.67 平方米

图 2-5　商品蛭泥土池（2）

图 2-6　商品蛭泥土池（3）

益较好。规模化养殖时，繁殖池（塘）应建成泥土或水泥池，幼苗精养池应建成水泥池，育成池可建成泥土、水泥池或网箱。

人工建造的水蛭养殖池一般有三种形式，即地上式、半地下式和地下式。建池时，池的入地深度要重点从温度方面考虑。

图 2-7　商品蛭水泥池 (1)

图 2-8　商品蛭水泥池 (2)

（1）池深：1.2～1.5 米。

（2）池四周的内壁：如果是泥土池，可在土质坚硬的地方开

图 2-9　固定式网箱

挖建池，要先用三合土把池壁打夯坚实，再用油毡铺底，上覆塑料薄膜，以免池子漏水。如果是水泥池，池壁宜粗糙（可防止水蛭外逃，池壁越光滑水蛭越容易外逃）。池壁高出水面的高度不低于 30 厘米。池口是否高出地面还是与地面齐平，视具体情况而定。

（3）池内载体深度：池内载体是指池内底质如淤泥，是轮叶黑藻、金鱼藻、浮萍、藕水生植物的生长层，底质厚度 20～30 厘米，泥质软硬适度。如果养殖池内采用凤眼莲等漂浮性水生植物则池底不用设置载体层。

（4）进水口、出水口、溢水口：进水口与排水口要相对安装，排水口应安装在池的最低处。进水口离池顶 15 厘米左右，出水口设置在稍高于池内淤泥的地方。除繁殖池（塘）的溢水口齐繁殖台面设置外，育成池的溢水口可设在距池顶 25 厘米左右处留，孔径根据池塘大小设置，以便下雨时，多余的水可以从溢水口自然流出。排水口、溢水口都要用 60 目的尼龙网罩住，以防排出水时水蛭逃出。

第二节　养殖模式

水蛭养殖方式多种多样，但归纳起来，也就是粗放养殖（散养或套养）和精细养殖两种方式。选择哪一种养殖方式，应根据当地的实际情况，因地制宜。有沼泽地等自然条件的，可就地取材，采用野外粗放养殖；没有自然条件的，可采用集约化精养方式，即建立标准的养殖池，为水蛭的生长繁殖提供较理想的生态环境，通过标准化养殖，获得较高的单位面积产量。

为了节约建池成本，也可以采取套养方式，如藕塘、茭白塘套养等。缸养或小水池水体养殖水蛭固然可行，但却很难形成规模效益。无论采用何种养殖方式都要做好水蛭的防逃工作。

1. 粗放养殖

粗放养殖就是利用已有的自然条件，通过圈定养殖范围后进行保护的一种养殖方式。一般有沼泽地养殖、水库养殖、湖泊养殖、河道养殖、洼地养殖等。这几种方式养殖面积较大，光照充足，天然饵料丰富，投资小。但单位面积产量较低，不易管理及捕捞，还要时常注意预防自然敌害以及水位涨落的变化等。

从生产实际调查看，稻田养殖水蛭存在化肥农药，还有季节、管理不便等诸多因素，因此，笔者不赞成稻田养殖水蛭。

（1）沼泽地、洼地养殖：沼泽地的特点是水位浅，水生植物茂盛，沼泽地底层有机物、腐殖质含量较多，浮游生物、水生动物丰富。因此，只要建好圈养区域，即可放养水蛭。在管理过程中要定时进行观察，适当补充饵料。密度过大时，要适时扩大范围或进行捕捞。

（2）水库、湖泊、河道养殖：在水库、池塘、湖泊、河道等地用网箱养殖是近几年发展起来水蛭养殖的新方法。网箱养殖采捕方便，是目前采用较普遍的养殖方式之一。浮动式网箱养殖除注意防逃外，还要在网箱底均匀放置一些石块或空心砖，除给水蛭提供栖息的环境外，主要是固定网箱，防止被大风刮起。

2. 精细养殖

精细养殖是采用人工建池、投喂饵料的科学饲养管理方式，一般有水泥池养殖、泥土池养殖、网箱养殖等方式。这几种养殖方式放养密度较大，资金投入相对较高，要求饲养技术精细。但单位面积产出多，经济效益较好。这几种方式比较而言，水泥池养殖和网箱养殖的捕捞工作要比泥土池养殖容易得多，且水蛭的死亡率较低。

（1）水泥池养殖：应选择避风向阳、排灌方便处造池，或在房前屋后建池。水池宽3米，深1米，长度不限，可根据场地大小而定。池对角设进水口和排水口，以使水流动和对流。池内放置载体以便栽植水草，可遮阴或食用。

（2）泥土池、沟养殖可挖沟或利用旧沟、塘等，筑埂成连沟式养殖。沟宽3米，埂宽40厘米、高80厘米，水沟深60厘米，连成片状。两头分设进水口和排水口。同样，在底部放置载体。

（3）网箱养殖：网箱高1.2米。网箱规格视需要而定，大型水面，网箱面积以20平方米左右一个为佳。小型水面，网箱面积6～8平方米。网箱口上方要采用25厘米的向内"倒网"形式（见本节后述部分）。采用60目的尼龙网。

第三节　养殖池塘的建造及处理

沼泽地、洼地养殖只需建好圈养区域即可，水库、湖泊、河道养殖须设置防逃网箱，池（塘、沟）养殖则必须设置相应的排、灌水设施、防逃网等。

一、精养池塘的建造

（一）池塘建造

养殖池塘是养殖场的主体部分，一般占养殖场面积的65％～75％。各类池塘所占的比例一般按照养殖模式、养殖特点来确定。池塘按其建筑用料可分为泥土池塘、水泥池塘和网箱等，池塘、水泥池塘建造时只是泥土池塘采用深挖的方式，水泥池塘采用砖、水泥等建造，池塘规格一般要求相同。建造用于饲养种蛭的池塘时，要根据种蛭池的要求建造相应的繁殖台。

1. 水泥池

可建成地上池、半地下池、地下池。

建地下池时要先按设计挖好土池，并要考虑排水问题，四周池壁用水泥板或砖砌，池底要略向排水口一侧倾斜。池砌成后，四周池壁用水泥、沙子抹成麻面（墙面越光滑水蛭越容易逃跑）。池底用水泥抹平，上铺20～30厘米水草栽培基质。进水口、排水口和溢水口要安装防逃网。池建成后要进行脱碱处理。

建地上池时，在地面上直接向上砌，一般注、排水口方便留取。

2. 土池

土池一般建成地下池，池壁和池底不需用石砌砖铺，只要夯实即可。进排水口铺设铁丝网或尼龙网防逃。池壁坡度要小，池底夯实后铺20～30厘米水草栽培基质。如有条件，最好在池底先铺一层油毡，再在池底及池周铺一层塑料薄膜，四周缝隙堵塞严实。在薄膜上面堆铺20～30厘米水草栽培基质，以便水生植物能正常生长。进水口、排水口和溢水口都要安装防逃网。先灌水冲洗消毒浸泡数天，然后再排干水，饲养前灌上清水。

低产田建造时池塘间最好相通，一则可以节约注、排水设施的成本，二则有利于调节水温。

3. 网箱

网箱入水深0.8米，水面以上部分0.4米。大型水面，箱与箱间距1米左右，行距1米。东西长、南北宽排列。小型水面，箱间距0.3米，行距1米。东西长、南北宽排列。网箱的设置面积不宜超过池塘面积的50%。

网箱有两种形式：

（1）固定式网箱：网箱四角用竹木打桩成固定式网箱。适用于水位变化不大的水面，如静水河沟、池塘等。

（2）浮动式网箱：箱体随水位的变化而自然升降。箱体用支架固定在水中，支架为毛竹和角铁。网箱悬挂在支架上，网箱四角连结在支架的上下滑轮上，便于网箱升降、清洗、捕蛭。网箱养殖要在网箱底均匀放置一些砖石或空心砖，主要是固定网箱，防止刮大风时将网箱刮起，适用于大型水面或水位变化较大的水面。

网箱养殖水蛭，网箱内除可投放 1/3 面积的水葫芦外，也可在网箱上设置遮阳网。

4. 动物活饵池

动物活饵池要建水泥池，池面积根据所养水蛭的数量计算设置，池的数量可根据所要养的饵料种类进行设置，池对角处设进、出水口，安装好防逃设施。

（二）养殖池的处理

水蛭对化肥农药、盐酸碱、水温、溶氧及天气的突变等都极为敏感，稍有不适便会逃逸，逃不掉时也只能勉强生存，甚至会因此引起死亡。所以，无论是泥土池还是水泥池，在水蛭放入之前，都要对养殖池进行消毒、脱碱处理。但不能像养殖其他水生动物那样用生石灰消毒。

1. 泥土池的消毒

养殖水蛭的池塘无论是旧池塘还是新挖的池塘，都要清塘后用漂白粉、茶饼、巴豆等药物杀灭水中的有害昆虫，绝不可用生石灰。

（1）茶籽饼清塘：茶籽饼是广东、广西和湖南等地普遍使用的清塘药剂。使用时，先将茶籽饼捣碎，在桶中用热水浸泡过夜后即可使用，一般每亩用 40～50 千克（1 米水深），浸泡好的茶籽饼加入大量池水后，全池均匀泼洒。最好选择气温高的晴天使用，效果更佳。茶籽饼有施肥作用，但防病效果不如生石灰好。因此，施用茶籽饼后，再用鱼用强力消毒剂或强氯精等消毒药，按每亩水面（1 米水深）用 0.5～1 千克的剂量，溶于水后，全池泼洒，以杀灭病毒、细菌。

（2）巴豆消毒：用量为 2～8 克/立方米。将巴豆捣碎放入桶内，用3％盐水浸泡，密封桶口，经2～3天连渣带汁全池均匀泼洒。

（3）漂白粉消毒法：漂白粉清池消毒，每亩池面用5～10千克。如带水消毒，水深0.5～1米，使用漂白粉的量要加倍，即每亩池面用10～20千克，全池泼洒。漂白粉遇水后释放出次氯酸，次氯酸放出的新生态氧可杀灭病菌等有害生物。一般用漂白粉清池消毒后3～5天，即可投放种水蛭进行饲养。

（4）呋喃唑酮消毒法：按每立方米水用0.2～0.4克的呋喃唑酮粉全池泼洒，保持10天左右不换新水，可以有效地防治水蛭细菌性传染病的发生。

2. 水泥池的脱碱

新建水泥池，其池体的碱性物质（硅酸盐水泥、氢氧化钙等）需经过长时间（20天左右）的淡化后才能投入蛭苗。脱碱的方法一般有以下几种。

（1）过磷酸钙法：对新建造的水泥池，蓄满水后按每立方米水体1千克的比例加入过磷酸钙，每天搅拌一次，浸池3天左右，放掉旧水换上新水后，即可投放蛭苗。

（2）酸性磷酸钠法：新建的水泥池，蓄满水后按每立方米溶入20克酸性磷酸钠，浸泡1～2天，更换新水后即可投放蛭苗。

（3）冰醋酸法：新建水泥池，可用10％的冰醋酸洗刷水泥池表面，然后蓄满水浸泡1周左右，更换新水后即可投放蛭苗。

（4）薯类脱碱法：若是建设小面积的水泥池，急需处理又无上述药物时，可用番薯、土豆等薯类擦抹池壁，使淀粉浆粘在池表面，然后注满水浸泡1天即可脱碱。

（5）注水法：如果没有任何化学物质，可以直接将水注入水泥池，加入陈醋浸泡，直至池壁长出青苔。

　　将经以上脱碱方法处理后的水泥池清洗干净，排水管用密网封好，灌水后先放入几条水蛭试养1天，确无不良反应时，再投放蛭苗饲养。

3. 设防逃网

　　在水蛭养殖中防逃是一项非常重要的工作，防逃网具的设置与池塘处理同时进行。调查中发现很多养殖户没有做好水蛭的防逃工作，在养殖过程中损失很大。因此，在池塘外围设置的防逃墙一定不要抹光处理，防逃网一定要购买正规厂家的产品，网的目数要正规、网的硬度和材料都要合格。

　　防逃网目前主要用廉价而实用的鱼花网或防蚊网作为防逃设施和敌害入侵障碍。该种网宽1米，其中20厘米埋在地下，埋网应在池埂岸外30厘米处，开沟置网，底用小勾撅固定，然后用土填平夯实。立网60厘米，每隔1～2米有1根支撑柱，用竹竿或水泥柱均可，但支撑柱要放在隔离网的外面，同时隔离网要适当向内倾斜，并采用20厘米的向内"倒网"形式（图2-10），其中15厘米固定与立网呈90°平伸，5厘米自由下垂。该种方法可有效防止水蛭逃逸，是关键技术之一。

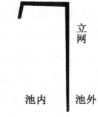

图 2-10　倒网

4. 铺池底底质

为了增加水的肥度，供水草生长以及微生物的生成，在种蛭到场前7～10天，在养殖池内要种植轮叶黑藻、马莱眼子菜、浮萍、水葫芦等水生植物，其常见的底质铺法为双层结构法，即在最底层铺10厘米左右发酵好的牛粪或鸡粪，再在牛粪或鸡粪的上面铺20厘米左右厚的沙土。

5. 植草

当池水pH值降到7～8时，水中可植入水草，约占全部水面的1/3，品种主要为轮叶黑藻、金鱼藻、浮萍、凤眼莲、藕等，沉水、浮水、挺水性的植物应适当搭配，并在以后的养殖过程适当地控制或补充，以利于水蛭的栖息附着和饵料生物的食用等。

（1）生物学特性

①轮叶黑藻：轮叶黑藻的特点是喜高温、生长期长、适应性好、再生能力强，适合于光照充足的池塘及大水面播种或栽种。轮叶黑藻能节节生根，生命力极强，因此不会败坏水质。

②金鱼藻：金鱼藻具有耐高温、再生能力强的优点，缺点是旺发易臭水。根据这一特点，金鱼藻更适合在大水面中栽培。而且水草旺发时，要适当把它稀疏，防止其过密后无法进行光合作用而出现死草臭水现象。

③浮萍：浮萍是浮萍科植物紫背浮萍或青萍的全草，在我国各省都是常见的水面浮生植物。

④凤眼莲：多年生宿根浮水草本植物。因它浮于水面生长，又叫水浮莲。又因其在根与叶之间有一像葫芦状的大气泡又称水葫芦。根漂池于水中，浅水时根系也能着生于底泥固着生长。它喜高温湿润气候，气温25～35℃生长发育最为适宜，7～10℃呈

休眠状态，10℃以上开始萌发。极耐肥，发达的须状根能较好地吸取水中营养盐类等。水蛭喜钻进水葫芦茎的基部栖息生活。

凤眼莲繁殖能力很强，容易覆盖在整个水面，使得水中的其他植物不能进行光合作用，而水中的动物得不到充分的空气与食物，不能够维持水中的生态平衡。因此，要及时清除后晒干处理，不要随处乱投、乱扔，以免进入河道后成灾。

（2）种植与管理

①轮叶黑藻的种植与管理

Ⅰ.枝尖插植繁殖：轮叶黑藻属于"假根尖"植物，只有须状不定根，在每年的 4～8 月，处于营养生长阶段，枝尖插植 3 天后就能生根，形成新的植株。

Ⅱ.营养体移栽繁殖：一般在谷雨前后，将池塘水排干，留底泥 10～15 厘米，将长至 15 厘米的轮叶黑藻切成长 8 厘米左右的段节，每亩按 30～50 千克均匀泼洒，使茎节部分浸入泥中，再将池塘水加至 15 厘米深。约 20 天后全池都覆盖着新生的轮叶黑藻，可将水加至 30 厘米，以后逐步加深池水，不使水草露出水面。移植初期应保持水质清新，不能干水，不宜使用化肥。如有青苔滋生，可使用杀青苔药物杀灭。

Ⅲ.整株种植：在每年的 5～8 月，天然水域中的轮叶黑藻已长成，长达 40～60 厘米，每亩池塘一次放草 100～200 千克。

②金鱼藻的种植与管理

Ⅰ.金鱼藻的栽培：一是在每年 10 月份以后，可从湖泊或河沟中捞出全草进行移栽。用草量一般为每亩 50～100 千克。二是每年 5 月份以后可捞新长的金鱼藻全草进行移栽，这时移栽必须用围网隔开，防止水草随风漂走。围网面积一般为 10～20 平方米 1 个，每亩 2～4 个，每亩用草种量 100～200 千克。待水草落泥成活后可拆去围网。三是在河沟的一角设立水草培育区，专门培育金鱼藻。10月份进行移栽，到次年4～5月就可获得大量水草。每亩用草种量50～100千克，每年可收获鲜草5000千克左右，可供25～50亩水面用草。

Ⅱ.栽后管理：一是水位调节。金鱼藻一般栽在深水与浅水交汇处，水深不超过2米，最好控制在1.5米左右。二是水质调节。水清是水草生长的重要条件，水体浑浊，不宜水草生长，建议先用生石灰调节，将水调清，然后种草。发现水草上附着泥土等杂物，应用船从水草区划过，并用桨轻轻将水草的污物拨洗干净。三是除杂草。当水体中特别是大沟中着生大量的水花生、菹草（又称狐尾草）时，应及时将它们清除，以防止影响金鱼藻等水草的生长。

③浮萍的种植与管理

Ⅰ.浮萍种植：常用分株繁殖法。捞取部分母株后，分散丢进栽培的水面里。

Ⅱ.种后管理：保持栽培水面静止；注意灌水。

④凤眼莲的种植与管理

Ⅰ.凤眼莲种植：以分株繁殖为主，将横生的匍匐茎割成几段或带根切离几个腋芽，投入水中即可自然成活。此种繁殖极易进行，繁殖系数也较高。

Ⅱ.种后管理：移栽后不需要特殊管理。在光照充足、通风良好的环境下，很少发生病害。

养殖水体准备好后，随时准备迎接种蛭的到来。

二、混养池塘的建造

水蛭混养应用较多是水蛭-藕混养、水蛭-茭白混养，就是在水蛭放养之前，先在池内种植莲藕或茭白，再放养水蛭，综合经营。其中藕或茭白可吸收池中大量的营养成分，调节水质，使池水变得清新，有利于水蛭的生长。在炎热的夏季，荷叶或茭白叶可以为水蛭蔽阴，防止水温过高，为水蛭提供良好的生长繁殖条件。而水蛭又可捕食池中的一些昆虫的幼体，使藕或茭白病虫害减少，对藕或茭白生长有利。因而可互利互补，提高产量，增加收益，且技术方法简单易行，操作方便，易于管理。

1. 水蛭-藕混养

水蛭-藕混养可利用现成的藕池，也可建造新池。建造新池时，可下挖 110 厘米，池底和池壁同精养模式的泥土池塘养殖一样夯实即可。池壁坡度要小，池底夯实后铺 30 厘米左右的栽培基质。为便于水蛭栖息和产卵，水池中间应建高出水面 20 厘米的土平台，每亩建 5～10 个，每个平台 1 平方米左右。

养殖池进水口、排水口、溢水口、池塘四周与精养方式一样设置防逃网。

在往池中注水以前，应在土中施入适量腐熟的农家肥及化肥作为基肥，施肥量比一般藕池要少，不可过多。一般粪肥 300～800 千克，尿素 7～15 千克，过磷酸钙 20～35 千克。以后就不必再追肥，让藕自然生长。

在池的四周不可栽植大型落叶树木，以防秋季大量树叶落入池中，使池中污染，造成水蛭死亡。

2. 水蛭-茭白混养

选择水源充足，保水力强，天旱不干、洪水不淹，环境安静的深水茭白田为佳。首先加固田埂，要求埂宽 40 厘米以上，夯打结实，以防渗漏倒塌。田内开挖涵沟，一般以"田字格"形为好。沟面积占总面积 30% 左右，沟宽 80 厘米深 60 厘米。田内蓄水深度保持在 60 厘米以上，经常保持沟内满水，以防夏季水温过高，让水蛭有栖息之处。田埂要高出水面 45 厘米以上，在田的对角设进出水口，可选用水泥管或茅竹筒预先埋好，管口用细孔网纱绑扎好，以防水蛭随水流外逃。进水的外侧用纱绑牢，防止杂物等进入。在田埂四周同精养池一样设置防逃网，在出水口方的田埂上开设2～3个深 25～30 厘米宽 1～2 米的溢水口，防止暴雨时水浸田埂，冲坏四周防逃网。

第四节　其他配套设施

1. 隔离沟

在防逃墙（网）外面，最好设置隔离沟。隔离沟宽 10 厘米，深 5 厘米，沟内洒上生石灰。阴雨天晴后，要向沟内及时补充生石灰，以防水蛭外逃，做到万无一失。

2. 投料台

可将 1 厘米见方的木条钉成 1 平方米大小的木框，再钉上塑料窗纱即成投料台。也可用芦苇、竹皮、柳条和荆条等编织成圆形台。然后每间隔 5～10 米在水中设 1 个浮在水面的固定投料台。如果采用活体饵料饲喂，也可直接投入水中。

3. 蓄水池（备水池，养水池）

可根据实际养殖面积及需求量来决定。一般养殖面积在 2000 平方米左右的养殖场应具备一个蓄水量约 400～600 立方米的备水池。

4. 排灌机械

主要有水泵等设备。水泵是养殖场主要的排灌设备，水产养殖场使用的水泵种类主要有轴流泵、离心泵、潜水泵、管道泵等。

水泵在水产养殖上不仅用于池塘的进排水、防洪排涝、水力输送等，在调节水位、水温、水体交换和增氧方面也有很大的作用。

养殖用水泵的型号、规格很多，选用时必须根据使用条件进行选择。轴流泵流量大，适合于扬程较低、输水量较大情况下使用。离心泵扬程较高，比较适合输水距离较远情况下使用。潜水泵安装使用方便，在输水量不是很大的情况下使用较为普遍。

5. 水质检测设备

水质检测设备主要用于池塘水质的日常检测，水产养殖场一般应配备必要的水质检测设备。水质检测设备有便携式水质检测设备以及在线检测控制设备等。

6. 起捕设备

起捕设备是用于水蛭捕捞时作业的设备，主要有手抄网、拉网、诱捕设备等。

7. 动力、运输设备

水产养殖场应配备必要的备用发电设备和交通运输工具。尤其在电力基础条件不好的地区，养殖场需要配备满足应急需要的发电设备，以应付电力短缺时的生产生活应急需要。

水产养殖场需配备一定数量的拖拉机、运输车辆等，以满足生产需要。

8. 管理人员休息室、仓库房

对于一个具有一定规模的养殖场，要设置工作人员休息室或仓库房。

9. 孵化箱

孵化箱可用装水果的泡沫箱。

10. 加工场地

养殖场要有自己的水蛭加工场地，以便对采收的水蛭及时晾晒加工。

加工场地应配备晾晒架、晾晒铁丝等，还应有相应的包装设备、仓库等。

11. 其他设施

其他配套设施可根据各自需求自行配置。如大镊子用来夹取活的较大与成熟的宽体金线蛭以及水蛭尸体，小镊子用来夹取刚孵化出来以及正在饲养的幼蛭。塑料网筛、瓢、水桶和橡皮管用来清洗和换水。充氧泵用来往水中补充氧气等（要设置隔离网）。

第三章　水蛭饵料种类及来源

水蛭适应性强，耐饥能力强，人工饲养饲料以水中浮游生物、螺蛳幼体、福寿螺幼体、河蚬幼体、动物血为主，但也需要喂一些植物、腐殖质等。

第一节　水蛭的营养需求

水蛭同其他动物一样，其生长发育需要蛋白质、脂肪、糖类、无机盐和维生素等五大类营养物质。水蛭在不同的发育阶段和所处的环境中，对营养物质的需要量也不尽相同，如能正确掌握各类营养物质的作用，合理利用饵料，对促进水蛭的健康生长，提高产量有重要意义。

1. 蛋白质

蛋白质是一切生命的基础，在水蛭的生长、繁殖等过程中起着极为重要的作用。水蛭许多重要的组织、器官，如肌肉、内脏器官、神经等都是以蛋白质为原料构成的。据测定，幼年期水蛭对蛋白质的需求量为饵料总量的 30% 左右，繁殖期的水蛭蛋白质需要量达 80% 左右。

构成蛋白质的基本单位为氨基酸，水蛭食入饵料蛋白质，在体内将其消化、分解成游离氨基酸，再根据自身需要，将各种氨基酸按特定的比例合成体蛋白。当饵料中提供的各种氨基酸的种类、数量、比例符合需要时，这便是理想的氨基酸平衡。

水蛭对蛋白质的需要在一定程度上依蛋白质的品质来决定。蛋白质中氨基酸越完全，比例越恰当，水蛭对它的利用率就越高。在生产实践中，为提高饵料中蛋白质的利用率，常采用多种饵料配合，使各种氨基酸互相补充。

2. 脂肪

脂肪主要由碳、氢、氧三种元素组成，广泛分布于水蛭体内各组织中。尤其在繁殖期和冬眠期，水蛭是靠贮存在脂肪组织中的脂肪维持生理需要。脂肪在分解、转化和吸收利用的过程中，可形成激素和其他内分泌腺所分泌的各种物质。因此，脂肪是水蛭生长与繁殖必不可少的营养成分。

3. 碳水化合物

碳水化合物的主要作用是为水蛭机体提供能量，同时参与细胞的各种代谢活动，如参与氨基酸、脂肪的合成。利用碳水化合物供给能量，可以节约蛋白质和脂肪在体内的消耗。

4. 矿物质

生物体内的矿物质有几十种，根据它在体内含量的多少称为常量元素和微量元素两大类，如钙、磷、钠、钾等水蛭体内含量较多称之为常量元素，而如铁、铜、锌、锰、碘等在水蛭体内含量较少称之为微量元素。矿物质在水蛭体内的生理过程中起着重要的作用。

5. 维生素

维生素是水蛭生长繁殖不可缺少的物质，需求量虽然极微小，但参与水蛭体内的主要物质代谢，是代谢过程的激活剂。维生素的种类有 30 多种，饵料中无论缺乏哪一种维生素，都会造成新陈代谢紊乱、生长发育停滞、不蜕皮、同时抗病力下降、易生病。如长期缺乏维生素 A，就可能发生水蛭表皮的病变；缺乏 B 族维生素会引起消化不良。所以，适量地在饵料中添加维生素，对维护水蛭的身体健康很有好处。

第二节　水蛭的饵料种类

自然界中，水蛭虽然是以动物的血液或体腔液等为主食，但也需要一些其他食物，如植物、腐殖质等，从这些物质中吸取养分。当食物适宜时，水蛭活动量增大，表现为争抢食物，并且食量增加。

1. 饵料种类

（1）动物性饵料：主要以浮游生物、小河蚬、小螺蛳、小田螺或切碎的动物内脏以及水中枝角类、桡足类、轮虫类等浮游动物等。

（2）植物性饵料：如水浮莲、水葫芦、莴苣叶、浮萍、麦麸、豆渣、丝状藻类、嫩水草等。

（3）人工饵料：水蛭的人工饵料以血粉为主，要注意血粉中不要加盐，包括鲜血加工成血粉之前也不能加盐。一般水蛭直接饵料中血粉的占有量在不同生长期是不相同的，但水蛭在饲养过程中由于很难分池饲养，因此很难生产出不同生长期的不同饵料。共同的全价饵料中血粉占 80%，其他动植物蛋白质饵料占

10％，能量饲料占7％，青绿多汁饲料占3％。

如果发现水蛭有病症，可随时在配制的饲料中增加药物。为了增加适口性，在生产的直接饲料中可适当增加一些添加剂和微量元素等，使水蛭即使只采食加工生产的直接饲料也能健康地生长、发育和繁衍后代。

为了确保饲料新鲜，要注意随配随喂，以免时间过长而造成饲料腐烂变质，降低饲料利用率。

2. 饲料来源

水蛭饲料可通过以下途径解决：

（1）用猪粪、牛粪、羊粪、鸡粪等动物粪肥腐熟后，通过培肥水体来增加水中有机物、藻类植物和轮虫、水蚤、水蚯蚓、草履虫等食物。

（2）野外捕捞：到野外采集适于水蛭捕食的动物性活饵如小田螺、小螺蛳、水蚯蚓、鱼虫等。

（3）收集屠宰下脚料：可向畜、禽屠宰厂购买动物血或肝脏。

（4）人工培育动物性饵料：如鱼虫、水蚯蚓、草履虫、河蚬、螺类等。

第三节　饵料的采集与培育

如果养殖水蛭的数量较少，除利用屠宰场畜、禽鲜血外，鲜活饵料可到野外水体中捕捞；如果是规模化人工养殖水蛭，还需要人工养殖水蛭喜食的动物性饵料。

一、天然饵料的采集

（一）水蚤的野外采集

　　水蚤又称"鱼虫"（图 3-1），专业上称为枝角类或桡足类，是在淡水中生活的一类浮游动物，体长平均约 1 毫米，通常用肉眼可以看到。常在水中做跳跃式运动，很像跳蚤的行动，所以人们叫它水蚤。

图 3-1　水蚤

　　水蚤体内含有丰富的蛋白质，是水蛭幼苗期的良好饵料。

1. 野外采集地点

　　水蚤分布于自然水体中的池塘、水坑、湖泊、江河、水库等水域中，每年 4～9 月为繁殖季节，特别在 5～7 月，更为常见。根据水蚤日出前上浮、日出后下沉的生活特性，于黎明或傍晚外出捕捞最为合适。如遇闷热天气，白天亦有大量水蚤上浮。若水面水蚤呈棕红色网状分布，则说明水蚤数量较多，可用手抄网捕捞（图3-2）。

图 3-2　手抄网

2. 捕捞方法

采集之前，要准备好采集网袋，网柄以 3～4 米为宜，直径 4～5 厘米；网袋口径 20～30 厘米，网袋深 50～60 厘米用 24 目的聚乙烯网裁缝。

清晨或傍晚捕捞水蚤时，用手抄网在水面慢慢地反复兜捕，吃水不能太深，动作应轻快敏捷，避免用力过猛冲散水蚤群。深秋后，水蚤繁殖量减少，加上气温降低，水蚤潜入水底越冬，捕捞时需加长网柄和网兜，深入到水的中、下层，以圆圈形来回捕捞。

3. 运输

捕获的水蚤，放入盛有少量水的塑料桶或塑料袋中运回。

4. 清洗

运回的水蚤要清洗干净后才可投放到幼蛭养殖池中。清洗时将捞回的水蚤倒入盛有清水的盆内，然后用"网操子"将水蚤捞至另一盛有清水的盆内，如此反复 2～3 次，直到没有浊水且水蚤的颜色变为鲜红色时，就可以用来喂投放到水蛭池中饲喂幼蛭。

5. 保存

如果捞回来的水蚤一次用不完，可放到培养池内培养，每天换 1 次水，以便以后利用。

水蚤也可用冷冻法保鲜，即将洗净的水蚤用塑料袋卷成棒状，粗细为 1～2 厘米，放入冰箱速冻即可，水蚤冷冻后可保存 6 个月左右。取用时，可根据用量取一段解冻后即可投喂。

（二）水蚯蚓的野外采集

水蚯蚓又名丝蚯蚓、红丝虫、赤线虫（图 3-3），属环节动物中水生寡毛类，体色鲜红，细长，一般长 4 厘米左右，最长可达 10 厘米。在自然界分布较广。

1. 野外采集地点

水蚯蚓喜欢生活在江、河、湖、泊、沼泽地、湿地、沟渠、牧场排污沟的出水口或居民生活区地下排水管口附近的淤泥中，一般潜伏在泥面下 10～25 厘米处，低温时深藏于泥中。水蚯蚓喜暗畏光，不能在阳光下暴晒，吸取食泥土中的有机腐殖质、细菌、藻类为生。生长高峰期为 4～10 月。

2. 捕捞方法

采集水蚯蚓用手抄网，40～60 目聚乙烯纱网，网口直径

图 3-3　水蚯蚓

40～50 厘米。

清晨、傍晚或阴天采集时，操作者持手抄网，站在江、河、湖、泊、沼泽地、湿地、沟渠、牧场排污沟的岸边慢慢抄取，待网袋里的水蚯蚓捞到一定数量时，提起网袋使袋口露出水面，在水中来回拉动，洗净袋内淤泥，然后将水蚯蚓提出水面。

3. 运输

将捞到的水蚯蚓倒入加有适量清水的塑料桶或塑料袋中运回。

4. 清洗

将捞到的水蚯蚓倒入大塑料盆中，平铺盆底，厚度为 6～8 厘米，加入适量清水。水蚯蚓具有避光性，加之密集缺氧，它会游到水表层，20～30 分钟后，大量水蚯蚓在表层结成一块，与一些杂物分离后，就可以投喂。

5. 保存

若当天无法用完，可把水蚯蚓放置在塑料桶内加入清水，在桶内再放入一个去掉瓶口的空饮料瓶，每天早、晚两次在饮料瓶里面加一些冰块，就可以大大减少水蚯蚓的死亡，可以说几乎不死。

若进行暂养，放入暂养池后每3~4小时定时搅动分散1次，以防结集成团缺氧死亡。

（三）螺蛳的野外采集

螺蛳俗称香螺（图3-4），属软体动物门，腹足纲，田螺科，圆田螺属，我国各淡水水域均有分布。壳高约40毫米，螺蛳的身体外有一螺壳，身体由若干螺层组成，最后一个螺层宽大。在足的后端背面具有一个由足腺分泌的厣，当身体收入壳内时，由厣封闭壳口。

1. 野外采集地点

螺蛳生活在淡水水草茂盛的湖泊、水库、沟渠、稻田、池塘内。冬季潜入泥中冬眠，次年春暖时再出土活动。因此，除冬季以外，其他季节都可捕捞。

2. 捕捞方法

螺蛳的捕捞网用18号铁丝编织成一个长40厘米、宽20厘米、高35厘米的铁丝篮，铁丝篮网孔为2厘米×1厘米。在铁丝篮的长40厘米、宽20厘米的一面做开口，用12号粗铁丝在开口的边缘处绕2周，加固篮口，以防使用时变形。将20米长的聚乙烯绳子一端系在开口长边的中点即可。

图 3-4　螺蛳

　　使用时把铁丝篮用力抛出，并用手拉住绳子的一端。当铁丝篮子沉入水底后（由于篮子本身重量会陷入淤泥一定深度），开始徐徐用力向身边拉收起绳子。篮子移动时，螺蛳会从开口处进入篮子内，提起篮子即可。

　　另一种方法是在篮内投放一些螺蛳喜欢的饵料，如蔬果、菜叶、米糠、麦麸、豆粉（饼）和各种动物下脚料等，放入水中即可。头一天放入，第二天即可收取。

3. 运输

将捞到的螺蛳倒入塑料桶或塑料袋中运回。

4. 清洗

运回的螺蛳要放在清水里浸泡 1～2 天。

5. 保存

如果捞回来的螺蛳一次用不完，可放到培养池内培养，以便以后利用。

（四）河蚬的野外采集

河蚬又名黄蚬、蟟仔、沙喇、蜊仔（图 3-5），属软体动物门，瓣鳃纲，真瓣鳃目，蚬科，蚬属，贝壳中等大小，呈圆底三角形，一般壳长 3 厘米左右，广泛分布于我国内陆水域，天然资源丰富。

图 3-5　河蚬

1. 野外采集地点

河蚬常喜栖息在河川、湖泊或池塘等有缓流水、无水草、沙泥底、水深 1.5 米左右的水域环境中。

2. 捕捞方法

起捕河蚬，一年四季都可进行。起捕工具用耥网或耙网，网目 2 厘米左右。

3. 运输

当天起捕当天运回，以保证活蚬质量。运输时用薄塑编织袋包装，每袋 20～30 千克。

4. 清洗

运回的河蚬要放在清水里洗净。

5. 保存

如果捞回来的河蚬一次用不完，应及时、均匀地播洒入培养池内培养，以便以后利用。

（五）田螺的野外采集

田螺（图 3-6）指田螺科的软体动物，属于软体动物门，腹足纲，前鳃亚纲，田螺科，在我国大部分地区均有分布，淡水中常见有中国圆田螺、中华圆田螺等。

1. 野外采集地点

田螺喜栖息于底泥富含腐殖质的清洁水域环境中，如水草繁茂的湖泊、池沼、田洼或缓流的河沟等水体中。喜集群栖息于池边、浅水处及进水口处，或者吸附在水中的竹木棍棒和植物茎叶的避阳面，也能离开水域短时生活。

2. 捕捞方法

可直接从池塘或河沟中用手捞取，也可用手抄网捕捞。抄网的直径 20 厘米左右，网目 1.5～2.0 厘米即可。倘若池面较大，

图 3-6　田螺

够不着时，可用炒熟的米糠和泥土混合起来，捏成团粒投在池塘或小溪边，田螺闻到香味就会前来取食，此时即可用抄网捞捕。

3. 运输

将捞到的田螺倒入塑料桶或塑料袋中运回。

4. 清洗

运回的田螺要放在清水里洗净。

5. 保存

如果捞回来的田螺一次用不完，可放到培养池内培养，以便以后利用。

二、活饵的人工培育

通过野外人工捕捉动物性活体饵料资源有限，对于规模化养殖场来说，必须走饵料人工培育的途径。适于水蛭采食的动物性活体饵料，主要有水蚤、草履虫、水蚯蚓、螺蛳、河蚬、田螺、福寿螺等。这些活体饵料既可以单独养殖，也可与水蛭共生养殖，但共生养殖时除要注意共生活体饵料的数量，还要注意田螺、福寿螺个体较大时要及时做出相应处理。

(一) 水蚤的人工培育

从野外捕捞的水蚤投放到培育池后即可进行培育。想要人工培育水蚤，在采捕水蚤时，应从采集水蚤的环境里带回一些绿藻（如水绵等），以便投放到培育池后增加水中的氧气。

1. 水蚤对培育环境的要求

培养时水温以 18～25℃ 为宜，最适的 pH 为 7.5～8.5，水中溶氧量的饱和度以 70％ 以上为宜。水体中需要大量的细菌、单细胞藻类和有机碎屑。

2. 培育方法

培育方法主要有粪肥培育法和混合堆肥培育法。

(1) 粪肥培养法：土池或水泥池都可以作培养池，水深约 1 米，面积以 10～30 平方米为宜。先在池中注水约 0.5 米深，然后施肥。水泥池每立方米投畜粪肥 1.5 千克作为基肥，以后每隔 1 周追肥 1 次，每次 750 克。水泥池每立方米水中最好加入花园或菜园的泥土 1.5～2.0 千克，因土壤有调节肥力作用，同时还能补充些微量元素。土池施肥量应多些，每立方米以畜类 4 千克或与稻草、麦秆或其他无毒的植物茎叶 1.5 千克作为基肥，10 天后追肥 1 次，施肥量与基肥同。

施肥后，捞去水面渣屑，将池水暴晒 2～3 天，就可以接种。每立方米水体以接种水蚤种 30～50 克为宜，接种后要及时追肥。经 10～15 天，水蚤大量繁殖，布满全池，就可以捞取喂养水蛭。

（2）混合堆肥培养法：培养池面积以大于 10 平方米为宜，水深约 1 米。每立方米放青草、畜粪各 2.5 千克，加生石灰 100 克作基肥。10 天后，肥料分解，水质转肥，每立方米接种水蚤种 20～40 克。接种后每隔 2～3 天追肥 1 次，每立方米水放青草、畜粪共 2.5 千克，生石灰 50 克。接种后 5～10 天，水蚤大量繁殖后，每天就可捞取少量喂蛭。同样根据水色情况，继续追肥或添水，继续培养。

3. 采收利用

每隔 1～2 天，捞取 10％～20％水蚤投放到水蛭养殖池中。捞数次后，如池中水蚤大量减少，就不要再捞了。这时需要追肥或添水，继续培养后再捞。

（二）草履虫的培育

草履虫是一种单细胞原生动物，在水中生活，是蛭苗培育阶段的理想活饵料。

1. 草履虫对培育环境的要求

草履虫习性喜光，一般生活在湖泊、坑塘、沟渠里，在腐殖质丰富的场所繁殖旺盛。适宜的温度为 22～28℃。

2. 培育方法

（1）草履虫种采集：草履虫通常生活在水流速度不大的水沟、池塘和稻田中，大多积聚在有机质丰富，光线充足的水面附近。当水温在 14～22℃时，繁殖最旺盛，数目最多、草履虫的这些习性，是确定采集地点和方法的重要依据。

①到水沟、池塘采集草履虫：水沟和池塘是草履虫的主要生活场所。在气候温暖的季节，到水质没有污染的水沟、池塘岸

边，选择枯枝落叶多的地方，用广口瓶沿水面采集池水，这样的池水往往含有许多草履虫。为了更有把握，可在不同地点多采几瓶。采集后，广口瓶内要放置少许水草，瓶口不要加盖，以免草履虫因缺氧而窒息死亡。

②到稻田采集草履虫：在稻田灌水期间，寻找田中的旧稻茬，用广口瓶在稻茬附近取水，随后放进几根旧稻草。这样的水中往往会有许多草履虫。

（2）人工培育方法：草履虫的食物主要是细菌。为了培养繁殖草履虫，必须配制含有大量细菌的培养液。培养液的配制方法通常有以下两种。

①稻草培养液：取新鲜洁净的稻草，去掉上端和基部的几节，将中部稻茎剪成 3～4 厘米长的小段，按 1 克稻草加清水100 毫升的比例，将稻草和清水放入大烧杯中，加热煮沸 10～15分钟，当液体呈现黄褐色时停止加热。这样的液体，由于加热煮沸，只留下了细菌芽孢，其他生物已均被杀死，为培养草履虫创造了良好条件。为了防止空气中其他原生动物的包囊落入和蚊虫产卵，烧杯口要用双层纱布包严。然后放置在温暖明亮处进行细菌繁殖。

经过 3～4 天，稻草中的枯草杆菌的芽孢开始萌发，并依靠稻草液中的丰富养料迅速繁殖，液体逐渐混浊，等到大量细菌在液体表面形成了一层灰白色薄膜时，稻草培养液便制成了。由于草履虫喜欢微碱性环境，如果培养液呈酸性，可用 1％碳酸氢钠调至微碱性，但 pH 值不能大于 7.5。

②麦粒培养液：将 5 克麦粒（大麦、小麦均可）放入 1000毫升清水中，加热煮沸，煮到麦粒胀大裂开为止。然后在温暖明亮处放置 3～4 天，便制成了麦粒培养液，此时培养液中已繁殖有大量的细菌。

（3）接种：接种是指将采集来的草履虫转移到培养液的过程。接种草履虫时必须提纯，否则会混入其他昆虫。这不但会影响草履虫的纯度，而且一旦混入草履虫的天敌轮虫，将会使培养液中草履虫的数量急剧下降。

接种时，先将含有草履虫的水液吸到表面皿中，再将表面皿置于低倍显微镜或解剖镜下检查，发现有草履虫后，用口径不大于 0.2 毫米的微吸管，将表面皿中草履虫逐个吸出，接种到培养液的广口瓶中进行繁殖。

（4）培养

①将接种有草履虫的培养液的广口瓶，放在温暖明亮处进行培养，培养液的容器口要用纱布包严。大约 1 周后，就会有大量草履虫出现。

②如果是长期培养，就要定期更新培养液。这是因为随着虫体大量繁殖，培养液中营养逐渐减少，而虫体排出代谢物却又不断增加，这就会引起草履虫数量减少甚至全部死亡。因此在培养过程中，每隔 3 天左右需更新 1 次培养液。更新时，用吸管从广口瓶底部吸去培养液及沉淀物，每次要吸去一半培养液，加入等量新鲜培养液。这样可使草履虫长期得到保存。

3. 采收利用

繁殖数量达顶峰时，如不及时捞取，次日便会大部分死亡，所以一定要每天捞取，捞取量以 1/3～1/2 为宜。同时补充培养液，即添加新水和稻草，如此连续培养，连续捞取，就可不断地提供活饵。

（三）水蚯蚓的人工培育

从野外捕捞的水蚯蚓投放到培育池后即可进行培育。

1. 水蚯蚓对培育环境的要求

水蚯蚓对水的要求主要是水温要低，溶氧量高和 pH 值较低。在喷水缓流时要保证所有水蚯蚓都能接触新鲜水。

首先，水温最好低于 20℃，用这样的水养殖水蚯蚓的成活率高。其次，通过喷水，增加水中溶氧量。从水蚯蚓的体色可以看出水蚯蚓的鲜活状况，水质清新，水蚯蚓体鲜红色，整片呈毡毯状；若体色变为暗红色，就是缺氧的表现；若持续缺氧，蚓体不活动，毡毯状的蚓群体中部凹下，凹下部分的水蚯蚓活动力极弱，这时已开始死亡，要及时除去以免蔓延。第三，养殖水的 pH 值以 6.0～7.5 为宜。若用浮游植物生长较好的池水（pH 值一般 8 以上）作为水蚯蚓养殖用水，水蚯蚓死亡率较高。

2. 培育方法

（1）建池：选择水源良好的地方建池，池宽 1 米，长 5 米，深 2 厘米，池底敷三合土，池两端设一排水口，一进水口。

（2）制备培养基：培育基的好坏取决于污泥的质量。选择有机腐质碎屑丰富的泥作培育基原料。培育基的厚度以 10 厘米为宜，基底每平方米加 2 千克甘蔗渣，然后注水浸泡，每平方米施入 6 千克牛粪或猪粪作基底肥。下种前每平方米再施入米糠、麦麸、面粉各 1/3 的发酵混合饲料 150 克。

（3）密度：每平方米放养 250～500 克。

（4）管理：培育池的水保持 3～5 厘米为好。若水过深，空气稀薄，不利于微生物的活动，投喂的饲料和肥料不易分解转化。过浅时，尤其在夏季光照强，影响水蚯蚓的摄食和生长。水蚯蚓常喜集于泥表层 3～5 厘米处，有时尾部微露于培育基面，受惊时尾鳃立即缩入泥中。水中缺氧时尾鳃伸出很宽，在水中不断荡漾。严重缺氧时，水蚯蚓离开培育基聚集成团浮于水面或死亡。因此，培育池水应保持细水长流，缓慢流动，防止水源受污染，保持水质清新和丰富的溶氧。水蚯蚓适宜在 pH 值 5.6～9 的环境中生长。因培育池常施肥投饵，pH 值时而偏高或偏低。水的流动，对调节 pH 值有利。进出水口应设牢固的过滤网布，以防小杂鱼等敌害进入。但投饵时应停止进水，每 3 天投喂 1 次饵料即可。每次投喂量以每平方米 0.5 千克精饲料与 2 千克牛粪稀释均匀泼洒，投喂的饲料一定要经 16～20 天发酵处理。

3. 采收利用

水蚯蚓繁殖力强，生长速度快，在繁殖高峰期，每天繁殖量为水蚯蚓种的 1 倍多，在短时间内可达相当大的密度。一般在下种 30 天左右就可采收，采收的方法是前一天断水或减少水流，迫使培育池中缺氧，此时水蚯蚓群聚成团漂浮水面，就可用 24 目的聚乙烯网布捞取。

(四) 螺蛳的人工培育

人工养殖螺蛳可开掘专用池饲养，也可利用沼泽、沟渠养殖，但螺蛳对农药、化肥较为敏感，因此，养殖螺蛳的场所应选择在能避开农药、化肥使用量大的地方。

1. 螺蛳对培育环境的要求

螺蛳对水质要求较高，喜欢生活在水质清新、含氧充足的水域，特别喜欢群集于有微流水、水深 30 厘米左右的地方。

螺蛳的最适生长水温在 20～25℃，水温达 15℃ 以下和 30℃ 以上时即停止摄食活动。10℃ 以下时即入土进入冬眠状态，当水温回复至 15℃ 以上时其又出穴摄食。螺蛳耐寒能力强。当冬季天气寒冷的时候，螺蛳用壳盖钻掘 10～15 厘米深的洞穴，潜入其中越冬，静止不动，只要有水分就不会死。次年春季，当水温回升至 15℃ 以上时，即开始从洞中爬出摄食。在水温为 20～28℃ 时，螺蛳最为活跃，且食欲旺盛。但是当水温升到 30℃ 以上时，螺蛳则停止摄食，钻入泥中避暑。当水温达到 40℃ 以上时，如果没有遮阴防暑的设施，螺蛳往往会被烫死。

2. 培育方法

(1) 池塘选择：可利用已有池塘或水泥池，池深 1～1.5 米，池塘底质较肥，但不能太深。也可在水蛭养殖区内用尼龙网片竖在四周，圈出一定的范围进行养殖。

养殖螺蛳的场所，要求水源条件好，最好能有微流水注入。其土质以腐殖质土壤为好，也可用鸡粪、猪粪、牛粪改良，或投入稻草，使其腐败而改良其土质。含硫磺或铁质较多的土质不适合养殖螺蛳。

(2) 池塘清整：清除池塘内过多的淤泥，特别是滩角上的淤泥，有条件的最好进行吸泥处理。

(3) 池塘消毒：清塘消毒以生石灰为最佳，用量是有水 (30～50 厘米) 100～150 千克/亩，无水 50～75 千克/亩。

(4) 螺种选择：螺蛳尖短小膨大，壳质带微刺，靥略带红色；每千克 120～1000 粒；当螺受惊时螺体快速收回壳中，无病，无伤，无虫。

(5) 放养时间：待药性消失后在开始放养。

(6) 放养密度：一般每平方米水面可放养螺蛳 150 只 (重 0.8～1.2 千克)。

(7) 投喂：喂养螺蛳的饲料分天然饵料和人工饲料两大类。天然饵料即为池水中的微生物以及有机物。在高密度的饲养条件下，天然饵料是远不能满足螺蛳的摄食需要的。故必须补充投喂人工饲料，如糠饼、蔬菜叶、豆饼、麦麸、鱼粉、鱼类的内脏等。另外，畜禽的粪便、稻草等有机肥料，也可用来饲养螺蛳，以配合饲料喂养效果最佳。如用 20％玉米、20％鱼粉、加 60％的糠作配方，就是螺蛳最理想的饲料。一般每 3～4 天投喂 1 次饲料。每次的投喂量为池中螺蛳总重量的 1％～3％。

螺蛳一年可分为 4 个时期：3～5 月为交配前的准备期，开始摄食；5～8 月中旬为产卵、肥大期，前期食欲急增，后期因产卵和高温的影响，食欲有时不振；8～10 月中旬为冬眠前作准备，早期食欲渐盛，积贮养料，准备冬眠。进入冬眠前，其食量减少。当春天来临、螺蛳冬眠开始醒来的前一星期开始投喂有机肥料。产卵准备期及冬眠准备期均需给食，每周投喂 2 次饲料为宜。其投饵量可根据螺蛳吃食情况和水质状况灵活掌握。螺蛳最适合在20～26℃温度范围内生长。当水温低于 15℃或高于 30℃时，则不需投饵。

（8）水体管理：在螺蛳的饲养管理过程中，一般要求每周换水 2 次。因为螺蛳的耗氧量很高，对氧的需求量大，加之螺蛳又怕暑热等，所以要经常使池水不断地流动，以调节水温和增加水体中的溶氧量。池水水位最好保持在 20～30 厘米。

螺蛳的生长发育与养殖池中泥土的关系极为密切，尤其与泥土的酸碱度和氨氮的含量更是密切相关。因此，应根据螺蛳养殖池中泥土的具体情况，采取相应的措施：

若测定泥土中 pH 值为 3～5，每 100 平方米池中应撒入15～18 千克生石灰，间隔 10 天后再撒第二次。

若测定泥土中 pH 值为 8～10，则每 100 平方米池中应施入5～6 千克的干鸡粪，每隔 10 天施 1 次，连续施 2～3 次。

若测定泥土中有氨氮溶存时，每 100 平方米应施入 6 千克啤酒酵母，这样可以消除泥土中的氨氮。

当 5～6 月份水温达到 20℃以上时，可将啤酒酵母踩入泥土之中，其用量可以减半。

混合堆肥是泥土的改良剂。每 100 平方米池中可施入 100～150 千克堆肥，以改良泥土。但堆肥必须是腐熟的，否则的话，它会产生大量的有害气体而抑制微生物的繁育，从而影响螺蛳的生长发育。堆肥的正确做法是将稻草、生石灰、鸡粪层层相间地堆起来（在陆地上），用塑料薄膜将其密封，待之充分腐熟后方可使用。

（9）繁殖：螺蛳为雌雄异体，雌螺往往大于雄螺。螺蛳的雌雄，也可以从外观上来进行判别：当螺蛳的头足伸出爬行时，雄螺的右触角向右弯曲，这一弯曲的部分就是生殖器，而雌螺的触角则没有这种弯曲。因螺蛳的触角较小，只有仔细观察才能区别。螺蛳群体中，雌螺往往多于雄螺，在 100 只螺蛳中，雌螺占75％～80％，而雄螺只有 20％～25％。在生殖季节，由于雄螺频繁地与雌螺交配，因而雄螺的寿命只有雌螺寿命的一半。雄螺的寿命一般只有 2～3 龄，而雌螺的寿命可达 4～5 龄，有的雌螺寿命能达到 6 龄以上。

每年 3～4 月，螺蛳交配后，胚胎发育直至仔螺发育都是在螺体内进行的，故螺蛳为卵胎生。6～7 月为螺蛳的生殖旺盛季节，将次年要生产的仔螺孕育在腹中，于次年 3～4 月将仔螺产出，之后再进行交配，又在其体内孕育仔螺。螺蛳的初产龄为 1周岁，可产卵 30～32 粒，最迟 14 个月必然产卵，2～3 龄者怀卵量增多，5 龄可达 50～60 粒。

3. 采收利用

在养殖期间，除留作种用的大螺蛳外，其他螺蛳根据需要适时采收投喂。

（五）河蚬的人工培育

蚬苗放养一年四季都可进行，以白露后至立夏前放养为宜。

1. 河蚬对培育环境的要求

河蚬常栖息在河川、湖泊或池塘等咸淡水或淡水性的环境中，喜栖息有缓流水、无水草、沙泥底、水深 1.5 米左右的水域环境中，在咸淡水中均为雌雄异体，在淡水中既有雌雄异体又有雌雄同体，雌雄同体有性变现象。

其自然繁殖高峰期为 5～8 月，在鳃腔中受精。在繁殖季节雄雌比一般是 1：1，其他季节，雄性多于雌性。生殖腺分布于斧口上方，内脏团的两侧、肠管迂回部。雌雄区别外形很难识别，主要是从性腺颜色来区别。雌蚬性腺呈紫黑色，成熟时呈葡萄状，取出卵粒能分散游离。雄蚬性腺呈乳白色，成熟时取出精液呈白色浆液状。

河蚬的繁殖方式不同于河蚌，河蚌是幼生型有寄生特性。河蚬有幼生型也有卵生型，但没有寄生特性，是直接产入水中，在水中完成胚胎发育成蚬苗。河蚬一般 2 龄开始成熟，4 龄开始衰退，以 2～3 龄性腺质量为优。同体受精卵在鳃中发育成 D 形幼虫后才排出体外，异体受精卵直接排出体外，当年秋季河蚬可生长到壳长达 0.5 厘米、粒重 0.5 克左右。

冬季水温低于 5℃ 时，河蚬停止摄食和生长，春季水温回升，河蚬进入新的生长期。

河蚬一般到壳长 1.2 厘米时才能达到性成熟，生长时间 2 年。

2. 培育方法

（1）养殖场地选择：池塘面积 2 亩以上，水深 1 米以上，底质以沙土为宜，厚度 20 厘米左右。塘口有活水水源，没有污染。

（2）水体准备：放养前应将池水排干，清除螺、蚌类生物，暴晒 15～20 天。然后注水施肥。肥料可用鸡粪或其他腐熟的农家肥，每亩施 150～200 千克，每亩放养蚬苗 100 千克左右。

（3）放苗后的管理

①蚬苗放养后，应保持水质肥力、水色绿褐色，透明度 35 厘米左右。可定期施肥培育水色，也可投喂豆粉、麦麸或米糠。注意水质不能过肥，过肥时可加注新水，调节水质。

②养蚬期间，不能施用化肥或农药，否则易引起河蚬死亡。

③河蚬生命力极强，耐低氧，病患少。

3. 采收利用

在养殖期间，除留作种用的河蚬外，其他河蚬根据需要适时采收投喂。

（六）田螺的人工培育

1. 田螺对培育环境的要求

田螺对水质要求较高，喜欢生活在水质清新、含氧充足的没有污染的水域，特别喜欢群集于有微流水、水深 30 厘米左右的地方。凡含有大量铁质和硫质的水，绝对不能使用。

田螺耐寒能力强，当冬季天气寒冷的时候，田螺用壳盖钻掘 10～15 厘米的洞穴，而潜入其中越冬，静止不动，只要有水就不会死亡。

田螺养殖最适水温为 20～28℃，这时摄食旺盛。当水温升至 30～33℃ 时，田螺便潜入土中避暑，不食不动，也不成长，肉质也变硬乏味，所以必须注意把水温调节在 28℃ 以下。如果水温超过 40℃，没有遮阴防暑的设施，田螺往往会被烫死。低于 8℃便潜入泥穴中冬眠，来年开春水温回升到 15℃左右才重新出穴活动和摄食。

2. 培育方法

（1）养殖场地选择：要选择水源充足、管理方便，既有流水又无污染的地方建专用螺池。池宽 1.5 米，水深 35～40 厘米，长度不限。池边修筑高出水面约 20 厘米的堤埂，池对角处开设进、出水口，并设防逃网。池底铺一定厚度的淤泥。池面可养殖藻类、水浮莲、红萍、茭白等水生植物，供田螺食用、遮阴避暑和栖息。池边四周种些花生等农作物，作田螺栖息遮阴之用。

（2）池塘清整：放养田螺前，要对养殖场地进行消毒处理。小土池、池塘、水沟和稻田等场所，每亩用 50 千克生石灰清塘，以杀灭野杂鱼、虾、蝌蚪等。待药效消失后（一般 7 天后）即可放入田螺。

（3）施肥投饵：在比较肥沃的池塘等水域饲养，不需专门投料。但在较瘦瘠的新池饲养，则需投菜叶、瓜叶、麸皮、米糠之类饲料。田螺食性杂，水中的小动物和植物及藻类等都是天然饵料。幼螺长大后还要添喂米糠、麦麸、豆渣、红薯、昆虫及动物内脏、下脚料等，有条件的还可喂配合饲料。日投喂量为螺体重的 1%～3%，每天上午 8～9 时喂 1 次。粗饲料应切细后才投放。对肥沃水田以及鱼螺混养和水生植物多的池塘，可少投或不投饲料。要定期换水，保持水质清洁。夏季当水温超过 30℃时，需经常注入新水，并加深水层，以便降低水温；冬季可采用夜补、日排的管水办法调节水层，也可施些猪粪、牛粪等腐熟的厩肥，既能提温，又能培肥水质。

（4）放养密度：池塘养殖，一般每平方米可放养田螺150 只。

（5）水质：螺池要经常注入新水，以调节水质，特别是繁殖季节，应保持池水流动。在春秋季节以微流水养殖为好；高温季节，采取流水养殖效果更佳，水质不洁净要及时换注新水，一般要求每周换水 2 次。螺池水深度需保持在 30 厘米左右。

（6）冬季管理：8～10 月中旬为冬眠前作准备，早期食欲渐盛，积贮养料，准备冬眠。进入冬眠前，其食量减少，以每周投喂 2 次饲料为宜。当水温下降到 8～9℃时，田螺开始冬眠，冬眠时，田螺用壳顶钻土，只在土面留下圆形小孔，不时冒出气泡呼吸。田螺在越冬期不吃食，但养殖池仍需保持水深 10～15 厘米。一般每 3～4 天换 1 次水，以保持适当的含氧量。

3. 采收利用

在养殖期间，除留作种用的田螺外，其他田螺根据需要适时采收投喂。

（七）福寿螺的人工培育

福寿螺又名苹果螺、美国螺（图 3-7），是最佳的动物性高蛋白动物饲料之一。该品种自 1981 年引进我国养殖后，表现出明显优势，并逐步在全国推广。但近些年由于养殖者的管理不当，大田或河道中出现了大量的福寿螺，目前已成为要消灭的外来危害物种之一。

1. 福寿螺对培育环境的要求

福寿螺喜欢生活在较清新的淡水中，多栖息在水域的边缘或附着在浮水植物的根部。若生活在较浅的水域中，则栖息在水的底层。福寿螺的运动方式有 2 种，一是靠发达的腹足紧紧地黏附在物体的表面爬行；二是吸气后漂浮在水面上，靠发达的腹足在水面作缓慢游泳。

图 3-7　福寿螺

福寿螺害怕强光，白天较少活动，而夜晚则活动频繁。每当黄昏以后，福寿螺便在水面游动觅食，而当其遇到险情时，便立即放出空气，紧急下沉，以避敌害。

福寿螺活动的强弱与其生活环境的变化有关，对水温、水质的变化极为敏感。当水温在 28℃ 以上时，福寿螺的活动最为频繁，其生长速度最快；当水温在 12℃ 以下时，福寿螺的活动明显减弱；当水温在 8℃ 以下时，福寿螺基本上停止活动，而进入冬眠状态。若其生活环境的水质清新，福寿螺的活动能力强；当水质开始恶化时，大螺就浮出水面，基本停止活动，小螺则因其对环境变化的适应能力差，很快就会死亡。

福寿螺的摄食器官为口，口为吻状，可伸缩，口内有角质硬齿，用于咬碎食物。福寿螺为杂食性，食物的构成随其发育的不同阶段而变化。在自然环境中，刚孵出的幼螺仍以吸收自身携带的卵黄为生。当卵黄吸收完毕前，其摄食器官初步发育完善，此时，幼螺开始转食大型水生植物。在人工饲养条件下，对卵黄已吸收完毕的幼螺主要投喂青萍、麦麸等较细小的饲料，等福寿螺慢慢长大后，便可投喂苦草、水花生、凤眼莲、青菜叶、瓜果叶、瓜皮、果皮、死鱼、死畜禽、花生麸、豆饼、米糠、玉米粉等。

福寿螺虽然食性很广，但对饲料也有一定的选择性。如在人工饲养条件下，幼螺喜欢摄食小型浮萍，长大后就喜欢摄食商品饲料。若长期投喂商品饲料后突然改投青饲料，它便会出现短期的绝食现象。在饥饿状态下，大螺还会残食幼螺及其螺卵。

福寿螺的摄食强度易受季节变化和水质条件的影响。在水温较高的夏、秋两季，其摄食旺盛；在水温较低的冬、春两季，其摄食强度减弱，甚至停食而进入休眠状态。在水质清新的水域中，福寿螺的摄食强度大；当水质条件恶劣时，其摄食强度变小，甚至停食。

福寿螺的生长速度与其生活的环境条件、螺体的大小及其性别有关。若水温较高、水质较好、饵料充足且质量好，福寿螺的生长速度就快，反之，其生长速度就慢。

2. 培育方法

(1) 养殖场地的选择：培育福寿螺的池塘、水泥池、水沟等面积不宜过大，水也不宜过深。养殖池要沟通水源，以渠道或涵管引水，池形整齐，长方形、正方形均可。利用地形敷设简易排水管；整平池底并向排水一侧倾斜。一些养鱼产量低的浅水池塘，改养福寿螺是最理想的选择。

池底淤泥层要薄，厚度不宜超过 20 厘米。进、排水口、坡面防逃、防敌害设施严密，一般采用双层密眼尼龙网护栏。

(2) 池塘清整：福寿螺的天敌，如水蛇、黄鳝和一些肉食性鱼类，可用人工捕捉清除，或冬季或早春，将池水排干，经冷冻、暴晒，促进池底有机质分解，提高螺池的肥力。再将池四周铲平，形成缓坡，将池埂夯实，保证不渗漏。螺苗放养前 15 天，用生石灰均匀洒施于塘底，每亩用量 50 千克。清塘后 7～10 天，再灌水放螺。

（3）亲螺的选择：种螺可从市场上购买，也可从有福寿螺的田地、池塘、河流里直接拾取。

4 月龄以上的福寿螺都可以作为亲螺用于繁殖，其个体重一般要求在 30～50 克以上。要求螺壳完整无损，雌、雄螺的配比以（4～5）：1 为宜。

（4）放养：亲螺的放养密度不宜太大，每平方米放 40 个左右的亲螺为好。

亲螺进池（沟）的当天，即开始使用精饲料、青饲料进行强化培育，精饲料可用花生麸、麦麸等，青饲料一般用青菜、绿草等。精饲料的日投量应根据亲螺的摄食情况而定，一般为亲螺总体重的 0.5％；青饲料的日投量以满足亲螺的摄食需求为准。并要注意勤换水，以保持水质清爽，促使其早产、多产。

（5）卵块的收集：亲螺交配后，雌螺晚上爬离水面，在植物的茎叶、池（沟）壁或竹竿上产卵，产卵持续时间为 40～60 分钟，每次产卵 500～2000 粒。雌螺产卵后，便缩回腹足，自动掉入水中。卵产出后 10～20 小时，卵块胶状物尚未凝固时，便可以轻轻地将卵块收集起来进行孵化。卵块的收集时间不宜过早，因过早采卵，卵块太软，不易剥离；收集的时间也不宜过迟，因过迟采卵，胶状物已经凝固，也难以剥离，还会造成卵粒破裂。

（6）孵化：为了提高孵苗率，要在孵化池（沟）离水面 30 厘米处用竹筛架设一个孵化床，孵化床的上方应用薄膜遮盖，薄膜上再放上遮阴物，以防雨淋及阳光的照射，并在孵化池（沟）中放一些浮萍。

卵块收集后，即放在孵化床上孵化。卵块只能平放一层，不要堆在一起。每天收集的卵块要分开放置。刚产出的卵块呈粉红色，4～5 天后变为褐色，7～10 天后变为白色。当卵粒变成白色后，幼螺即将破壳而出。幼螺孵出后便自动从筛孔掉入水中。幼螺的孵出时间，随气温高低而变，当气温高时，孵出的时间短；当气温低时，孵出的时间长；当气温降至 20℃以下时，卵很难孵出小螺；当气温在 30℃左右时，7～10 天便可以孵出幼螺。

（7）水质管理：为了保证福寿螺能正常快速地生长，要勤换水，以保持水质的清爽。

3. 采收利用

当幼螺数量较多时，便可以把幼螺收集起来，投喂水蛭。若发现有个别福寿螺长得过大，可直接将其拍死后投喂。

三、畜、禽下脚料

水蛭为杂食偏动物食性动物，主食水中微生物、浮藻类，爱吃螺蚌肉、猪肝糜，嗜好吸食动物血。因此，可向畜、禽屠宰厂购买动物血或肝脏。

每星期喂 1 次动物血，对水蛭的迅速生长有显著的作用。可直接喂鲜血，也可喂血块或血粉。投喂鲜血时可用畜、禽血拌饲料或草粉等，荤素搭配；投喂动物鲜血凝块放入池中时，每隔 5 米左右一块，血块一半浸入水中，一半留在岸边，这样既可引诱水蛭吸食，又可防止水的污染。水蛭嗅到腥味后很快就会聚拢过来，吸饱后自行散去。

投喂动物血或拌饵投喂时，要注意血粉中不能加盐，否则对水蛭的生长不利。同时要及时清除剩饵，天热时更要注意，以免污染和败坏水质，影响水蛭生长。

第四节　饵料的投喂

饵料的投喂应根据水蛭及天然饵料的生长规律、摄食习性，合理选择饵料投喂方法，科学喂养，以提高饵料的利用率，降低饲养成本，从而增加经济效益。

1. 饵料台的设置

饵料台用于投喂人工配合饵料或血粉、血块等，投喂鲜活饵料时可不设饵料台，直接投到水蛭养殖池中，这样活体饵料可在水蛭养殖池中生存，供水蛭随时取用。

制作饵料台可用 1 厘米见方的木条，钉成 1 平方米大小的木框，用塑料窗纱钉上即成。也可用芦苇、竹皮、柳条和荆条等编织成圆形台。然后将饵料台固定在水中。

将饵料用水和开后，轻轻地放在饵料台上，切不可用干粉饵料直接放在饵料台上，以防饵料沉落水底。

2. 饵料投喂的原则

水蛭饵料的投喂，要坚持"四定"的原则。

(1) 定质：直接饵料要保证新鲜、清洁，禁止饲喂霉变的饵料，禁止投放腐烂变质的饵料，同时要注意饵料的多样性，以适应不同水蛭种群的取食。

(2) 定量：每日饲喂的饵料数量应相对固定。日投饵料量一般可掌握在水蛭实际存栏重量的 1% 左右（每亩养殖池的水蛭实际存栏重量一般为 20~40 千克）。根据水蛭的吸食情况与天气变化、水温、水质情况，在坚持定量投喂的基础上，适度掌握，如发现有剩余饵料，下一次则应减少投放量，以免造成不必要的饵料浪费。

（3）定点：投放饵料的地点要固定，使水蛭养成定点摄食的习惯。投喂点的数量，一般以20平方米的养殖池设2个饵料台为宜。也可根据养殖密度具体确定。饵料台最好设在池的中间或对角处，既便于水蛭的集中和分散，又便于清理残余饵料。

（4）定时：每天投喂时间要相对固定。一般情况下，以上午7:00左右和下午5:00左右较为合适。冬季在日光温室中饲养的，最好在中午温度较高时投喂。长期坚持定时投饵料，可使水蛭养成定时摄食的生活规律。

第四章 水蛭的引种与繁殖

种蛭质量的优劣，不仅直接影响其产卵率、孵化率乃至成活率，而且对水蛭的生长、发育、产量也有很大影响。如果少量小规模养殖，可采用捕获本地野生水蛭做种，自繁自养的方式解决种苗；如果是大规模养殖，则需要大量的种蛭，就必须从已经饲养成功的养殖户或养殖场（基地）引种，同时必须注意搞好种蛭的选择和培育这两个环节。

第一节 水蛭的生活史

水蛭具有变温动物的共同特性，即在 1 年的生长发育周期中，随着气候的变化而表现出不同的生活方式。在人工养殖水蛭时充分了解和认识这一特点，在实际饲养过程中加以掌握，即可达到事半功倍的效果。在我国大部分地区，野生水蛭在自然状态下，1 年中也可分为生长期、填充期、休眠期、复苏期四个阶段。

1. 生长期

从每年的清明到白露，是水蛭全年营养生长和生殖生长的最好时期，故称为生长期。

　　每年清明前后，当水温高于 15℃ 时，水蛭开始复苏出蛰。水蛭的天然适口食物随之逐渐增多，水蛭的消化能力也随着气温的升高而不断增强，活动范围和活动量也日渐加大，是营养生长和生殖生长的高峰时期。水蛭的交配和产卵都在此期间进行。

2. 填充期

　　从"秋分"至"霜降"期间，是水蛭积累和贮存营养，为进入冬眠进行生理准备的阶段，故称为填充期。

　　秋分以后，气温逐渐下降，水蛭在此期间内食量猛增，尽量地吃饱肚子，并把所获取的脂肪性营养贮积起来，以便供给在休眠期和复苏期内的营养消耗。与此同时，又用不同方法促使体内液体浓缩，巧妙地完成躯体的脱水，使它在休眠期内不至于结冰冻死。

3. 休眠期

　　从"立冬"至"雨水"，此期间水蛭的生长发育完全停滞，新陈代谢降到最低水平，进入休眠状态，以安全度过不良环境条件，故称为休眠期或蛰伏期。

　　秋末冬初，水蛭停止采食入蛰冬眠。北方一般蛰伏深度为15～25 厘米，长江流域由于冬季温度较高，蛰伏深度为 7～15厘米。在整个休眠期间，其新陈代谢水平很低。

4. 复苏期

　　从"惊蛰"至"清明"，此时严冬已过，暖春将临，处于休眠状态的水蛭开始苏醒出蛰，故称为复苏期。

第二节　水蛭的生长发育与繁殖过程

一、生长发育

野生状态下，水蛭3～4年才能产茧繁殖。人工养殖状态下，一般要历时14～19个月的生长发育，有些个体开始性成熟，才初步具有繁殖的能力。一般第一次产卵3～5个，每卵10条左右的小水蛭；第二次产卵5～12个，每卵产仔15条左右。产卵期在清明后的1个月内和秋季的8～9月，此时水蛭由深水区向浅水边游去，在浅水边的湿土中产下卵茧。

卵茧在适宜的温度、湿度环境下，23～29天即可卵出幼蛭，幼蛭入水3天后开始进食。10天左右开始蜕皮，蜕皮1次为1龄。水蛭的生长发育较快，卵出的幼蛭生长4～6个多月，体长可达到6～10厘米，重5～8克。生长期1年以上的水蛭，体重可达20克以上，2年的水蛭个别可长至50克左右。

二、繁殖过程

在养殖生产中繁殖是最关键的环节之一，繁殖是一个后代产生，使种族延续的过程。只有大量地繁育后代，才能提高产量和经济效益，繁殖数量越多，经济效益就会越大。如果不能正常繁殖，种群的数量不增加或增加很少，会导致经济效益低或亏损。因此，饲养者应充分重视水蛭繁殖这一环节。

1. 性发育

水蛭的性发育与个体生长基本同步，当个体生长基本完成时，性发育也就成熟。一般雄性生殖腺先成熟，而雌性生殖腺后成熟。

2. 水蛭的求偶交配

水蛭为雌、雄同体动物，每只水蛭体内都有雌、雄生殖器，相互交配繁殖后代。因为水蛭是异体交配受精，所以性成熟以后，在交配之前，其活动十分频繁，有发情求偶的兴奋状态。发情表现为雄性生殖器有突出物在伸缩活动，周围有湿润黏液。当两只发情水蛭遇到一起，头端方向相反地连接起来，即开始进行交配。

在自然界中，水蛭的交配时间，随温度的变化而有不同。一般情况下，当平均温度在 13～15℃时，开始交配。在长江流域始于 4 月上中旬，在华北地区始于 4 月下旬至 5 月上旬。

水蛭交配多躲在水边土石块或杂物下面进行。水蛭的交配时间大多在清晨，头端方向相反，腹面靠在一起，各自的雄性器官正好对着对方的雌性生殖孔，然后雄性伸出细线状的阴茎插入对方的雌性生殖孔内。交配时间一般持续 30 分钟左右。

水蛭在交配期间极易受惊扰，稍有惊动，两只交配的水蛭就可能迅速分开，造成交配失败或交配不充分。因此，在水蛭交配的季节，尤其在清晨要保持安静，特别是养殖的水面不要有大的波动，防止正在交配的水蛭受到惊吓。

3. 水蛭的受精和产茧

（1）受精怀孕：当水蛭双方将阴茎插入到对方的雌性生殖孔内，并输出精子进入受精囊内以后，交配即告结束。精子贮存在贮精囊中后，这时卵子并不能立刻排出而受精，而是在交配后雌性生殖细胞才逐渐成熟，这时贮存在贮精囊中的精子才逐渐遇到卵子受精。从交配受精囊到受精卵的排出体外，形成卵茧，一般要经过近 1 个月的时间，这段时间称之为怀孕期，养殖期间要仔细观察，食料充足。

（2）卵茧的产出：水蛭属卵生动物，发育成熟的水蛭经交配后约 1 个月开始产卵茧。在自然界中，水蛭产卵茧时间一般在 4 月中旬至 5 月，平均温度为 20℃。

水蛭在产茧前，先从水里钻入岸边的松湿泥土中，接着水蛭向上方钻成一个斜行的或垂直的穴道。穴道宽约 1 厘米，长 5～6 厘米，并有 2～4 个分叉道。它的前端朝上停息在穴道中，环节部分分泌一种稀薄的黏液，夹杂空气而成肥皂泡沫状。再分泌另一种黏液，成为一层卵茧壁，包于环带的周围。卵自雌孔产出，落于茧壁和身体之间的空腔内，并分泌一种蛋白液于茧内。此后，亲体慢慢向后方蠕动退出。在退出的同时，由前吸盘腺体分泌形成的栓，塞住茧前后两端的开孔。水蛭从产卵茧到退出，大约需要 30 分钟。水蛭产茧茧形从大到小，从第一个到最后一个茧，茧形相差很大，总产茧时间约 7 天，产茧量为 2～3 个左右。

繁殖数量多少，因个体大小、月龄大小、营养、环境等而不同，个体同样大的水蛭在不同的营养和环境下，繁殖数量也不同。

第三节　　引种与孵化

　　水蛭的种源可以从野外采集，也可以从已经饲养成功的养殖户或养殖场（基地）购买。

一、引种前的准备

　　做好引种前的准备工作是十分重要的。

　　首先，要认真检查一下养殖池是否符合标准，防逃设施是否已安装完毕，消毒后水质是否符合要求。人工养蛭最常见的活体饵料，如水蚤、螺蛳、田螺等是否已准备到位。

　　其次，如采取野外捕捞引种，捕捞地点是否已找好；如要到考察好的养殖场（基地）购买种蛭资金是否已经到位，相关事宜是否已电话联系好。

　　一切都准备好以后，即可进行引种工作。

二、引种方式

（一）本地野生水蛭的采集

1. 水蛭成体的捕捞

　　捕获野生种蛭，要在水蛭活跃频繁出现的4月上旬至5月上旬，从天然水域中捕取成蛭作为种蛭。为了保护野外水蛭资源，野外采集时要捕大留小。

（1）野生水蛭的自然分布：任何一种动物都有着自己既定的生活环境，脱离开适宜生存的环境条件，或环境骤然发生变化，便会造成大量死亡，甚至灭绝。水蛭的生活环境，也是经过长期的演化、遗传和适应才固定下来的，因此应根据水蛭的生活习性去采集。

采集的环境场所，就是野外水蛭经常出没的地方，在我国北纬 32°～38°水流缓慢的小溪、沟渠、坑塘、水田、沼泽及湖畔，温暖湿润的草丛，是水蛭乐于栖息、摄食和繁殖的场所。酸性水质及湍急的河流没有水蛭分布。

（2）采集方法：一般可采用人工直接采集与引诱采集两种方法。

①人工直接采集：根据水蛭触觉敏感的特性，在水蛭活动的高峰时期，如上午 7～10 时，下午 4～6 时，在水田、池塘、水渠等水域，只要用棍子在水中搅几下，水蛭就会从泥土中、水草间游出来，此时即可乘机用抄网捕捉。

②引诱采集：引诱采集是一种节省人力及时间采集水蛭的方法，它是按照水蛭的活动季节、生活规律、活动时间和吸食习性设置诱捕器捕捉。

Ⅰ.灯光诱捕：水蛭有趋光性，晚上用灯光照射水面，然后用手抄网捞取集中在灯下水中的水蛭。

Ⅱ.用草包、废麻包诱捕：利用水蛭的避光性和钻缝性的特点把潮湿的草包、废麻包等放到近水的岸边，过一段时间后翻开，抓捕在下面潜伏的水蛭。

Ⅲ.用猪血诱捕：利用水蛭喜食鲜血的特点用丝瓜络、废棉絮或干稻草扎成两头紧中间松的草把，然后把猪、牛的鲜血涂抹上去，待其凝固后，放入池塘或水田中，4～5 小时后，提起即可诱捕到很多水蛭。如无生猪血，也可用鸡、鸭、鹅等的血液代替，也能收到同样效果。

Ⅳ.用河蚌诱捕：选个体较大的河蚌，先放入热水中烫死，用一长绳或铁丝系住贝壳，把河蚌投入有水蛭的水边，待大量水蛭爬上取食时拉出抓捕。

Ⅴ.用竹筒诱捕：将竹筒剖成两半，除去中间疤节，将动物血涂于筒内，再按原来形状捆好，插在水田角上或浅滩河边，让水淹没。然后用树枝搅动田水或河水，使血的腥味四处扩散，水蛭闻腥味后即刻到筒内吮血。次日早晨取出竹筒，即可捕到水蛭。

Ⅵ.竹筛诱捕：用一竹筛，上面扎以用纱布包着的动物血或内脏，将筛绑在竹杆末端放入水中，手拿竹杆另一端，1～2小时后把竹筛提起，即可获得水蛭。

③盛装：采集后的水蛭放入盛有少量水的桶中（或白布袋中），并加盖纱网以防逃跑。

2. 水蛭卵茧的采集

在自然界中，水蛭的繁殖因时间、地区、季节及环境的不同而有差异，长江中下游一带，水蛭产卵茧的时间从4月初开始，会有部分水蛭择近水边浅土层中造穴产卵，5月中旬为其繁殖高峰期，一直持续到6月中旬（随个体差异而不同）。

（1）野生水蛭卵茧的自然分布：水蛭一般在岸边浅水中或土块、枯枝树叶下交配。卵茧产于塘、沟边的潮湿泥土中，离水面20～30厘米，离地面2～10厘米。卵茧呈卵圆形。

（2）采集方法：根据各地水蛭产卵时间的不同及时采集卵茧。长江中下游一带，每年开春后的5月中下旬，在水沟、河边、湖边等潮湿的泥土中，发现有1.5厘米左右孔径的小洞后，可沿小洞向内挖取，即可采集到泡沫状的水蛭卵茧。在采集卵茧时要十分小心，不要用力夹取，否则会损伤卵茧内的胚胎。采集到的卵茧应及时轻放到采集器内，采集器最后采用泡沫箱。

（二）从养蛭单位引种

1. 水蛭引种原则

（1）慎重选择品种：在引种时应慎重选择品种，要严格挑选符合中药材标准的种类进行饲养，减少盲目性和不必要的经济损失。目前饲养最广泛的是宽体金线蛭和茶色蛭。

（2）就近引种：引种时，最好从就近单位选择优良品种。如从外地引种，最好和有关科研部门取得联系，征求他们的意见，取得指导和帮助，减少不必要的损失。

（3）建好相关设备：在没有搞好养殖场所前，不能盲目购种，如水蛭不经驯化就会因不适应环境的变化而批量死亡。异地购种必须掌握如何训练它极快地适应生活环境的方法。

（4）不要在经销商处购种：有些初学养者为了省钱，就到一些经销商那里去购买商品蛭用作种源，这是非常危险的。商品蛭和种蛭是有区别的，种蛭有精种、纯种、一般种、统货四个等级之分，而商品蛭是经销商从水蛭抓捕者那儿收购而来，他们不懂水蛭生长规律，无论大小老幼，无论伤亡病残只要能药用就收。更可怕的是这一两年从事水蛭的抓捕者不是用手工捕捉，而是用一种专业的水蛭药洒在水里，水蛭就会中毒浮于水面。这样的水蛭是不产卵的，并且存活率只有50％。

（5）签订购买合同：要与供种方签订购买或其他合同。

2. 引种季节

种水蛭一年产两次卵，一次是在春季，一次是在秋季，人工

养殖不宜秋季购种。因为秋季购种，无论是购买成年蛭还是幼苗
都存在着越冬问题。如果没有养殖经验，养殖一个冬季成年蛭和
幼苗成活率都无法保证，死亡也不知道；如果春季购种，一则环
境温度越来越高，养殖环境比较好控制，即使有成年蛭死亡，也
可以加工成药用蛭，二则春季水蛭的饵料易得，所以购种的季节
最好选择在春季。

　　但这里需要提醒养殖者，春季购种不是每个时间段都能购
种。如在长江中下游一带，只能在 5 月前购种，正常不能超过 5
月 1 日，水蛭产卵最早的在 4 月 10 日就能偶尔看见一两个卵茧，
第一批产卵时间是在 4 月 15 日左右，超过了 5 月 1 日，购回的
种蛭就会少产一个卵茧，间接的为养殖者购种带来了损失。因
此，购种的最佳的时间应该是 4 月 15 日前。如超过了 5 月 1 日，
还有人说可以供种，您可要三思了。

3. 卵、幼苗与种苗引种的选择

　　引种时引进卵、幼苗或种苗是有区别的，养殖者可根据各自
条件进行选择。

　　（1）卵：卵便于长途运输，人工孵化代价也不高，最重要的
是小水蛭孵出后马上适应出生地的环境，不像成年水蛭那样需要
有适应过程，更不用担心是人工繁育的还是从野生抓捕的，养殖
效果都一样。引进期在 4 月下旬至 6 月初。

　　（2）幼苗：幼苗孵化出的时间大约在六七月，天气已经很温
暖了，但水蛭幼苗的抵抗能力很弱，长途运输对小苗是致命的。
调查中发现，运输时在运输箱中加冰降温是不可取的。

　　（3）成年种蛭：引进成年种蛭是比较保险的。种蛭有伤亡在
所难免，但可以捞出来晒干出售，只是质量差些，不至于血本无
归，剩下的还可以继续繁殖。引进的最佳的时间应该是 4 月 15

日前，不要超过了 5 月 1 日。

4. 卵、幼苗与种苗的挑选

很多购种的朋友都认为只要是水蛭就能入种，其实不是这样的。种蛭和商品蛭绝对有本质的区别，不要为了便宜而因小失大。

（1）卵茧的挑选

①优劣识别：优质卵茧，不但个体大，而且色泽光润，体格饱满，卵茧的出气孔明显。劣质卵茧，不但个体小，而且色泽暗淡，体格不饱满，卵茧的出气孔不明显。卵茧畸形，同一个卵茧两头大小不等。每千克在 800 个左右的茧为好。

②成熟卵茧的识别：刚出生的卵茧是洁白的椭圆形，似一个软软蚕茧，约 2 小时后呈淡粉红色海绵状卵茧，孵化 5 天左右呈棕褐色，手捏时有弹性。

③临产茧的识别：识别临产茧最简单的方法就是将卵茧拾起来，对着光照，就能看见很多幼水蛭在茧内蠕动，如幼蛭在茧内已成了褐色的，就表示小水蛭即将出茧了。

（2）幼苗的挑选：幼苗有没下水苗和下水苗两种之分，主要通过观察幼苗的颜色来鉴别，以深紫红颜色为下水苗。

①没下水苗：没下水的苗存在着最后一个难以掌握的技术，那就是下水后成活率的高低，下水后成活率的高低与水质、开口食非常有关。

②下水苗：下水苗指的是从下水后的 15 天后算起，这样的苗成活率高达 95％以上。

鉴别是否是下水苗，只要拿起一条小水蛭，看看它肚子里有没有食物就知道了。幼苗只要在 15 天内吃了食物，至少在以后的两个月内不进食也不会死亡，只要有食物它们就会快速地成长。

作为一位初学养殖者来说，从经济和今后的发展考虑，笔者建议不引放幼体。

(3) 种水蛭的选择：在成年种水蛭个体选择上应注重选择种龄在 2 年以上且种龄一致，体重以每条 12～20 克的青年蛭为最好，活泼健壮、体躯饱满、体表光滑、既有光泽又有弹性的个体，用手触之即迅速缩为一团。这样的水蛭怀卵量多，孵化率高，抗病虫害能力强。个体在 35 克以上的老蛭应淘汰。

挑选种蛭时要注意水蛭为雌雄同体，异体交配，在繁殖季节，每个个体的身体前部雌雄生殖孔间都有明显隆起的生殖带，繁殖以后生殖带消失，所以引种时要特别注意，以免引进繁殖后或是尚未达到性成熟的个体，影响当年产量。

5. 引种数量

购种数量可根据各地情况适量调整，下面列举的购种数量，供引种时参考。

(1) 购茧量：每千克茧约 200 个茧，每个茧内的幼蛭数按10～15 条计算。1 月龄以下，每立方米水体按放养 2500 条左右计算购茧。购茧时为了保证成活率，可适当多购一些卵茧。

(2) 幼苗的购种量：2 月龄以下，每立方米水体可放养 1500条左右；2～4 月龄，每立方米水体可放养 1000 条左右；4 个月龄以上，每立方米水体可放养 500 条左右。

(3) 种蛭的购种量：种蛭的购种量应按种池中繁殖台面积计算，一般每平方米放养 1.5 千克左右。

6. 引种应注意的问题

(1) 多处引种：引种时要从两个或两个以上的不同水域或流域引种，以便提高种群优势和选择优良个体，促进生产的发展和经济效益的提高。

（2）做好采集和引种记录：野外采集水蛭时，要随身携带记录本，凡是与采集有关的事项，都要详细记录下来。例如，采集的时间、地点、水域、周围环境等。采回来的水蛭经选优后如作为种蛭饲养，便可参照记录为其创造适宜的生活条件。通过记录还要掌握野外水蛭的发生数量和世代发生规律，以便总结经验，提高养殖效益。

三、运　输

水蛭的运输是为了解决引种、异地市场供应和保证货源质量的一项重要工作。

1. 运输季节

水蛭一般在春、秋季节运输为最佳。在 7～8 月高温季节，特别是气温超过 35℃时不宜长途运输，因易造成挤压、缺氧、产生恶气而死亡、腐烂、发臭。

2. 运输方法

运输工具（容器）必须选用透气性好、保湿力强、不易钻出的工具。

（1）卵茧运输：卵茧要用泡沫箱运输，每箱装茧量不要超过 1 千克，并装适量的腐殖土为宜。

（2）幼苗运输：幼苗不带水运输，泡沫箱内放上水草，箱口用透明胶带封好，箱盖打上几个小孔，小孔边涂上一层牙膏，幼苗不会爬出。运输中箱盖小孔不能盖住，以防空气不流通。

（3）种蛭运输：由于水蛭靠皮肤呼吸，又耐低氧，一些人认为运输极为容易，大加宣传，给人们造成了一种错觉，也给一些养殖户在引种过程中带来了不小的麻烦，往往因装运密度大或是放在大编织袋中运输，结果温度升高，致蛭死亡，或挤压感染放养后成活率很低。因此，运输种蛭一定要选择合适的运输工具，否则会直接影响种源的成活率。

运输种蛭时，要用透气的浅塑料盘，冲洗干净后，下面垫洗净的软白布，再均放一层种蛭，不要出现挤压，然后数盘叠起，最上一个盘用纱网封好，装车运输。

起运前再向盘内冲水 1 次，测量、记录当时的水温，并在盘中放温度计。途中每隔 3～4 小时向盘中冲水 1 次，以保持皮肤的温润和防止温度升高，同时检查有无蛭体爬出，若有要及时修整缝隙，以免再爬出。运输过程中严禁挤压，要轻拿轻放，尽量保护水蛭体外保护膜不受损伤。如果白天气温较高，光照强度大，应改在夜晚运输。若距离较近 1～2 小时可达，可因陋就简，但要避免挤压、升温和爬出。

四、种蛭的投放与卵茧的孵化

当幼苗和成年种蛭运输到场后，要测量蛭盘中的温度和池水温度，两者的温差要保持在 3℃以内，若温差达 5℃时，身体局部结块僵硬，应逐渐缩小温差达到适宜范围时，再进行消毒处理。引进卵茧要进行孵化管理。

（一）种苗投放

1. 选优去劣

人工饲养水蛭，实际目的就是对水蛭进行再生产，即得到大量的繁殖后代，获得高产，从而获得较好的经济效益。因此，无论是引进水蛭，还是在野外采集野生水蛭作为种源，都要选优去劣，尤其在饲养过程中，选优去劣显得更为重要。在挑选过程中把已死或有伤残的水蛭挑出，留下健康、发育状况育好的水蛭，并进行大小分级饲养，才能获得较好的经济效益。

2. 消毒

无论是引进的种源，还是自野外采来的种水蛭，都要进行消毒处理，以免感染疾病，造成前功尽弃，甚至全军覆没。

种蛭选好后，取一大塑料盆，将种蛭放入 0.5%～1.0%的福尔马林或 0.1%高锰酸钾溶液中洗浴 5 分钟，然后将种蛭放入隔离池饲养。切不可将从水田、池塘或其他养殖场带回的水一起倒入新建养殖池中。

3. 隔离饲养

如果是首次引进种蛭，可把繁殖池作为隔离池；如果是中途引进种蛭，无论是新购进还是自野外采集来的种源，都要放入单独的饲养池中，一般将种蛭按每平方米 2～3 千克的密度放养到池中，经 3～5 天的观察，如无死亡或厌食、打蔫、体色变暗、失去光泽和弹性等现象，排出的粪便正常，确认无病态现象，便可放入正常的饲养池或和其他水蛭池中混养。

4. 投种

投种时池水水深应控制在离产床 20～30 厘米时为宜，每亩放养经隔离饲养后的亲蛭 30 千克左右，放养时把种蛭放到繁殖池塘周边繁殖台上阴凉潮湿的地方，让水蛭自然爬进池塘。

(二) 水蛭卵茧的孵化

水蛭在产出卵茧后，一般不用人工照顾就可自然孵化出幼蛭来。但为了提高孵化率，减少天敌的危害，有必要进行人工孵化，从而赢得饲养时间。

1. 孵化方法

（1）室外自然孵化：水蛭产卵茧后，让卵茧在穴道中自然孵化。在自然界中，一般卵茧经过 20 天时间的孵化，幼苗从卵茧钻出茧外，但由于春季温差变化和阴雨季节，孵化时间将会延伸到 1 个月左右，再加上自然界天气变化大，有些卵茧因湿度过湿或缺乏湿度干燥，孵化不出幼苗，因此，要掌握防干保湿，严防鼠类天敌的方法。

卵茧在初形成时为深黄色。随着时间的推移，数小时后转变成浅黄色，最后变成黄色。在自然界中，大约在 5 月底、6 月初为初期孵化阶段，孵化数占总数的 20%～30%；在 6 月中旬为孵化盛期阶段，孵化数占总数的 40%～50%；在 6 月下旬，大多数卵茧均已孵化，这段时期孵化数占总数的 30%～40%。

孵化期间卵茧最怕挤压，所以在这段时间要保持环境安静，严禁人员在繁殖台上走动。孵化期间，如果繁殖台上的草量少或分布不均，可用湿润的稻草、麦秸等覆盖。同时要有稳定的水位，即与产卵时离产床 20～30 厘米处相同，这是保持所需湿度的关键因素。

当天气干旱，水位下降，就要及时补充新水达到产卵时的水位，否则卵在茧中干死；当遇大雨水位上升，又易浸湿卵茧，致卵茧烂掉，应及时排水，防止孵化中途失败。

（2）室内人工孵化：将卵茧从泥土中取出，收集后进行适当挑选，分出大小茧型和颜色的识别，尽量根据大小、老嫩分开（产出的卵茧相差二三天没有太大的问题，但是相差十来天就不能放在一个箱内孵化了），孵化箱可用装水果的泡沫箱，先将箱底盖上一层 2 厘米的菜园土（湿度以一抓成团，松手即散为宜），然后将卵茧较尖的一端朝上，整齐排放在孵化箱内，为了保持一定的湿度，表面再盖几层潮湿的纱布或棉布块，然后在泡沫箱上加盖一层 60 目的尼龙网，以防幼蛭逃跑。最后用塑料布包裹严实，防止孵化器内的水分蒸发。

孵化时卵化房的温度应控制在 20～23℃，过高或过低都不利于卵茧的孵化。孵化房空气湿度保持在 70％左右。

在孵化过程中，要经常观察孵化箱内孵化土的干燥程度，如发现过分干燥可用喷雾器进行适量加水，但不能出现明水过于潮湿，湿度控制在 30％～40％，空气中的相对湿度应保持在 70％～80％。当湿度不足时，可直接向棉布上喷雾状的水，但要防止过湿。

2. 幼蛭出茧

在温、湿度适宜的情况下，一般经过 25 天左右即可孵化出幼蛭来。

幼蛭自茧较尖一端爬出，初孵出的幼蛭呈软木黄色。随着幼蛭的生长，纵纹间的色泽逐渐变化成体的色纹。

当水蛭苗全部孵出后，将它们转移到幼苗精养池饲养 1 个月左右，再投入育成池塘养殖。

第五章　水蛭的饲养管理

养殖业有句俗话："水产水产，三分养，七分管。"此话的意思是说，水里的东西不是养出来的，而是管出来的。所以敬告朋友，在选择一个好的养殖项目后，收获和付出永远成正比。

第一节　日常管理

水蛭养殖的日常管理，主要是细心观察，具体分为自身的保护、水质管理、投食、清理余物、水体消毒、巡池检查等方面。

一、水蛭咬伤的预防

水蛭咬伤是以吸盘吸附于暴露在外的人体皮肤上，并逐渐深入皮内吸血；当遇到阴道、肛门、尿道后，即钻进去吸血。被咬部位常发生水肿性丘疹，不痛。因水蛭咽部分泌液有抗凝血作用，所以伤口流血较多。它吸血时，很难自动放弃。

1. 处理

发现水蛭叮咬，不要强行拉它，以防拉断而吸盘仍留于创口，引起感染。可采用以下措施使其自动脱落。

（1）发现水蛭已吸附在皮肤上，可用手轻拍，使其脱离皮肤。

（2）用食醋、酒、盐水或清凉油涂抹在水蛭身上和吸附处，使其自然脱出。

（3）如喉、鼻腔、消化道、泌尿道被咬时，可用 $1\% \sim 2\%$ 的丁卡因溶液，或 $2\% \sim 4\%$ 的得多卡因溶液涂于水蛭头部使其麻醉，然后用镊子轻轻取下。

水蛭脱落以后，如果病情不严重，对被叮咬后留下的伤口进行必要的处理即可，以防止感染，如涂一些碘酒或酒精消毒，或用竹叶烧焦成炭灰（或将嫩竹叶捣烂）敷在伤口上，可以达到防感染和止血的目的，之后再贴上创可贴。如创伤严重即速送医院治疗。

2. 预防措施

工作时要穿长裤，并且把袜子套于裤腿外，扎紧裤脚。裸露的地方要涂抹防蚊剂或防扩油膏。

二、水质管理

水是水蛭赖以生存的主要条件，环境和水质的好坏，直接影响到水蛭的生长、发育和繁殖。

水的管理看起来简单，实际上比较复杂，因水的因素不容易被量化，所以往往只看到其颜色和气味，而忽视了对其他因素的重视。所以，水蛭养殖者在管理水方面要做好以下几方面的工作。

1. 水位管理

水位要固定，不可以忽高忽低。水位高低对繁殖台上土层的湿度影响很大，过高淹没了繁殖台，水蛭产卵没有场所，对其繁殖不利；水位下降，繁殖台土层湿度过低，逐渐干涸变硬，不利水蛭钻入产卵。繁殖台的土层是水蛭重要的栖息场所和产卵场所，为保证繁殖台湿度适中，繁殖台应高出水面 20～30 厘米，以保持繁殖台土层始终处在湿润状态。

日常管理上，要经常检查，干旱时期要着重防止水位下降；雨季要着重防止水位上升，发现问题及时调节。

2. 水温管理

水蛭能够生长的温度为 15～35℃，适宜生长发育的水温为 20～30℃，最适宜生长发育的水温为 28℃。有条件的养殖场（户），要营造良好的水温环境，能利用自然地热的可以用地热温泉，能利用工厂余热的就利用工厂余热，没有条件的根据成本核算也可搭建塑料大棚提高水温。

夏季晴朗的天气，气温很高，阳光直射在水池上，水温上升很快，对水蛭生长发育也不利，水温超过 35℃，水蛭就停止摄食，甚至中暑死亡，所以养殖池的上方除采用遮阳网遮阳外，也可在池边种南瓜、丝瓜、扁豆等攀藤植物，并在池上搭架，以遮阳降温。秋季应及时撤除，增加光照升温，延长摄食生长时间。

冬季只要养殖池底层有土层，水蛭可以自然越冬；深水越冬，只要池面不结冰，水蛭越冬就会安全。冬季养殖水深在中原地区要在 0.8 米以上，华北地区要在 1.2 米以上，如果结冰，要及时破冰，防止水底缺氧。

3. 水质管理

水质包括水的酸碱度、水的氧溶量、水的透明度等指标。

（1）池塘常见的水质类型：池塘养殖中常见的水质类型有四种，即肥水水质、瘦水水质、老水水质和转水水质。

①肥水水质：肥水水质的水色浓而混浊，呈油绿色（包括蓝绿色、黄绿色和豆绿色）或褐色（包括黄褐色、红褐色和茶褐色），透明度适中（20～30厘米），水体中浮游生物含量多，溶氧条件较好。一般要求池塘养殖中的肥水具有肥、活、嫩、爽等条件，肥即为水体中氮、磷元素、微量元素和营养盐类充足，浮游生物无论从数量上还是质量上都保持饵料生物的最高水平；活即为水体中初级生产力高，浮游生物的生产量和消耗量达到了动态平衡；嫩即为水质肥而不老，容易被水蛭消化吸收的浮游植物数量很多，浮游植物细胞未老化，蓝藻类浮游植物含量较少，水色鲜嫩似绿豆汤；爽即为水色不浓不淡，清爽，透明度为20～30厘米。

②瘦水水质：瘦水水质水色清淡，呈浅绿色或淡黄色，透明度大于30厘米，溶氧条件极好，但是水体中浮游生物含量少。瘦水水质的形成一方面是不经常施肥所致，另一方面是新开挖的池塘尚无肥力，无法让池水变肥，瘦水水质不利于养殖水蛭。

③老水水质：老水水质水色很浓，呈浓绿色或黑褐色，透明度低于20厘米，池塘底层水溶氧条件极差，浮游植物中蓝藻含量最多，不利于水蛭生存。老水水质的形成原因有施肥量不足，水体中缺少氧、磷元素或其他微量元素和营养元素，水中浮游植物种类单一；无水源交换，造成水体溶氧条件不足；池塘周围有高大树木或高大建筑物遮挡，造成光照条件不足，透明度低；代谢产物积累过多，主要是食场周围不注意清理和消毒。

④转水水质：转水水质水质肥沃，水色呈浓绿色、蓝绿色或酱红色，水面常见有云彩状水花，透明度较低。水体中浮游植物含量极高，但种类很少。转水水质水色呈暗黑色时，混浊度很大，在鱼池下风处即可闻到很浓的腥臭味。转水水质的形成原因常常是因为饲养管理工作不当造成的，遇到连绵阴雨天气、闷热

天气或雷雨未下透的天气时，由于水中浮游植物的大量繁殖，供给浮游植物光合作用代谢的营养盐类不足，加上缺乏足够的光照，引起藻体大量死亡，分解产生有毒物质，造成池塘水蛭大批死亡，俗称"泛塘"或"泛池"。

转水水质多发生在夏秋季高温季节。转水水质发生时，水中氧气严重缺乏，水蛭常浮头，影响生长，所以必须加强对转水水质的管理，如定期注换新水或定期泼洒水质改良剂，以保障池塘养殖生产安全进行。

（2）水质控制方法

①水体中有机物过多：水体中有机物过多时，一般的处理思路是首先通过物理、化学方法将水体中大量有机物沉淀下来，然后加入氧化底改剂，或者施用 EM 菌、光合细菌，加快池塘的能量流动和物质循环。此外，排换底层水、合理地施用基肥和投喂饵料，也能有效降低水体中有机物的含量。当水体有机物过多时，快速沉降水体中有机物的方法尤为关键。

控制方案一：采用沸石粉，以 20 克/立方米的水体终浓度全池泼洒。沸石粉具有吸收水体中的氨态氮、有机物和重金属离子；有效降低池底的硫化氢毒性，调节水体的 pH 值；增加水体中的溶氧，提供常量和微量元素，促进水蛭生长；吸附水体中有害物质，改良水体，减少病害等作用。

控制方案二：采用麦饭石，以 150～300 克/立方米水体终浓度全池泼洒，每 15 天 1 次。麦饭石具有吸收和消解水体及底质中的有毒物质作用。有报道说，麦饭石对细菌吸附能力在 6 小时内可高达 96％，对有毒金属吸附力达到 98％。内含物氧化铁能够降低硫化氢的毒性；增加水体中的溶氧，防止疾病和缺氧浮头；调节水体的 pH 值，通常使 pH 值升高；净化水质，排除生物体内毒素，促进酶活力。

②水质过肥、藻类过度繁殖：水体过肥、藻类过度繁殖常常会导致水体的缓冲系统减弱。

控制方案：采用膨润土，以 75～150 克/立方米的水体终浓度，定期全池泼洒。膨润土具有极强的吸收性，入水后能迅速形成微小颗粒，水中呈悬浮和凝胶状，可吸附和黏集水中悬浮物，控制营养盐类溶出时间，从而降低池水富营养化程度、池土耗氧量，因此可有效防止水体过肥、藻类过度繁殖，并对缓解水蛭的缺氧浮头也有一定的作用。

③水体的 pH 值：水蛭生长发育适宜的酸碱度为弱酸至中性，以 pH 值 6.5～8.0 为好，碱性环境对水蛭生长不利。水蛭对碱性水体也很敏感，pH 值 8 左右还可以生长，pH 值 10 也还可以耐受，水体的 pH 值超过 10 很容易使水蛭死亡。一般要求水的 pH 值为 6～8。

Ⅰ.pH 值过低处理措施：pH 值过低、下降幅度过大通常是水质变坏、水体中溶解氧降低、硫化氢等有害物质增加的综合体现。pH 值过低或下降过快都会降低和削弱水蛭血液的载氧能力，造成其生理缺氧和应激；亦会降低水体中磷酸盐的溶解度，进而导致浮游植物的繁殖减弱，有机物分解速率降低。

控制方案一：可以将池中老水排掉，注入新水，反复 2～3 次，以调节水体中的 pH 值。

控制方案二：添加浮游植物，对于形成的蓝绿藻要及时控制，必要时追施无机肥料，促使优良藻类繁殖茂盛。

Ⅱ.pH 值过高的处理措施：pH 值过高或上升过快会造成水体中氨氮转化为分子氨，毒性成倍增加（尤其 pH 值达到 10 以上时）；pH 值过高能腐蚀水蛭的吸盘等组织，使黏液凝固，严重时体黏液成丝状；而且 pH 值高的水体中易形成蓝绿藻水华；pH 值过高的水体同样也会形成难溶的磷酸三钙，从而导致水体中的营养物质和能量循环减缓。

控制方案一：用滑石粉（主要成分硅酸镁）调节，用量为每亩1~2千克。通常滑石粉以1.5~2.5克/立方米全池泼洒，可使水体pH值降低0.5~1.0。

控制方案二：多施有机肥，以肥调碱。

④水体中溶氧不足：溶氧是水体中最主要的理化指标，养殖池塘中溶氧量通常要求为5~8毫克/升，至少不低于4毫克/升；当溶氧低于3毫克/升时，水蛭会群集在水池侧壁的下部，并沿侧壁游到中、上层，很少游出水面，这是水中缺氧的信号。水体中溶氧量取决于增氧与耗氧因素的消长作用。池塘中溶氧主要来源于浮游植物的光合作用（受光照、温度等影响较大）、空气溶解（与风浪、水体的水平和垂直移动有关）、增氧机的使用、换新水所携带氧气等几个方面。而水体中溶氧的消耗则包括水生生物及细菌等微生物的呼吸代谢耗氧，池水、底质中有机物还原性物质的分解等几个方面。

控制方案一：增氧机的合理使用。

控制方案二：合理换水。

⑤水体中氨氮偏高：正常养殖水体中氨氮一般以不超过0.2毫克/升为宜，过高就会影响水蛭的摄食，造成其中毒，甚至死亡。池塘中氨氮过高通常是由于养殖中投饵量过大；水蛭大量排泄物的累积、过高的放养密度和过度施肥都是造成水体中氨氮浓度偏高的重要原因。

控制方案一：在养殖初期严格清塘、清淤，减少池塘中氮的库容量。

控制方案二：养殖初期肥水的时候注意有机肥的使用量。

控制方案三：根据水体的实际承受能力，制定合理放养密度。

控制方案四：选择消化率高的饵料，科学投喂。

控制方案五：经常开动增氧机。

控制方案六：养殖中后期使用沸石粉（15～20克/立方米）或活性炭（2～3克/立方米）改善底质，吸附氨氮，降解有机物。

控制方案七：及时清理养殖水域底层的污垢和水产养殖动物排泄的粪便。

控制方案八：正确合理地使用光合细菌、EM菌等活菌制剂，能有效降低水体中的氨氮，去除水体中的硫化氢和亚硝酸盐，改善池塘底泥、底质，稳定水体中的pH值，加快水体中的能量和物质循环；合理地使用活菌制剂可净化水质，促进生长，防止疾病，提高水产动物的成活率。目前使用活菌制剂已成为控制水体中氨氮的最主要措施之一。在使用活菌制剂时，应当注意不同菌类的适应条件和使用方法，否则就达不到预期的效果。如泼洒活菌制剂前后3～7天忌施消毒剂，也不能与消毒剂、抗生素等同时使用。光合细菌在日出时使用，效果显著；硝化细菌繁殖速度慢，使用时最好与其他活菌制剂错开使用，使用后泼洒沸石粉，效果会更加显著；使用硝化细菌后，3～4天内尽量不排水等。

⑥水体中亚硝酸盐偏高：正常养殖水体二氧化氮一般不超过0.1毫克/升为宜，当二氧化氮积累到0.1毫克/升后，就会造成水蛭红细胞数量和血红蛋白数量逐渐减少，血液载氧能力逐渐减低，长期应激就会造成水产动物的慢性中毒，水体中二氧化氮过高就会导致水蛭摄食量降低、呼吸困难、躁动不安或反应迟钝，严重时则发生暴发性死亡，养殖过程中的"偷死"常常也是由于二氧化氮过高造成的。不过需要说明的是，二氧化氮的毒性受pH值、温度的影响小，但随着水的硬度和盐度的升高而降低。

在养殖的中后期，池塘中亚硝酸盐偏高是极其普遍的现象，这与养殖中后期投喂量增加、生物及氮的库存量增加，而硝化细菌自身繁殖相对较慢且生长易受到其他菌群的抑制有关。

控制方案一：开动增氧机，以促进二氧化氮向三氧化氮的转化。

控制方案二：及时排换水，尤其是底层水和污水，及时清理池塘中的污物。

⑦水体中硫化氢偏高：硫化氢对水蛭具有较强毒性，在养殖水体中的浓度应严格控制在0.1毫克/升以下。水体中硫化氢的来源主要是饲料残饵、水蛭的尸体和淤泥等在溶氧缺乏时厌氧微生物分解而产生的。

控制方案一：冲洗池底污泥，暴晒、铲除池底硫化物较多的黑泥或污泥，改良底质。

控制方案二：合理放苗，合理投喂饲料。

控制方案三：适当换底层水，减少硫化氢的生成和积累。

⑧水体水色发白：池塘水体水色发白在养殖前期通常是由于浮游动物过多或者浮游植物突然大批死亡，单细胞藻类不能正常生长所致；而在养殖后期因为天气突变、溶氧缺乏、毒素增加、代谢障碍、摄食投喂、消毒治病不当等也可造成单细胞藻类非正常大量死亡，进而有害微生物大量繁殖或浮游动物繁殖过剩所致。

控制方案一：首先要多开增氧机，然后排掉部分底层水并引进部分新水。

控制方案二：引进新藻种，并适当肥水。

控制方案三：泼洒维生素C等，减轻水蛭的应激。

⑨水体水色偏瘦：水体只有保持一定的肥度，才能维持水体中良好的物质循环和能量流动。

控制方案一：增施有机肥。

控制方案二：可多次晴天上午搅动底泥，同时开启增氧机，这样使富积底泥的营养成分释放出来，既降低氨氮又肥了水。

⑩水体水色呈黑色、发臭：水体发黑、发臭表明池中有较多有机质（如残饵、尸体、排泄物、池底腐殖物等）未得到及时转化，沉入池底后进行腐败分解，不仅消耗大量溶氧，并产生大量硫化氢、氨氮、亚硝酸盐等有害物质，致使池塘底泥发黑、发臭，危害水生动物健康，造成动物机体免疫力下降，易被病原微生物侵袭，甚至泛塘。

控制方案：一旦发现水体出现底泥发黑、水发臭，应快速换水。

⑪水体水色呈黑褐、红棕、浓黄色：养殖水色呈黑褐、红棕、浓黄色主要是因微囊藻、甲藻、三毛金藻成为水体中的优势种所致。黄色水体尤其在 pH 值下降时易产生；而黑褐色水体多与投喂劣质饲料、残饵过多、水质和底质老化有关。因为许多鞭毛藻能分泌毒素，使水产动物神经受到麻痹，甚至中毒、死亡。

控制方案一：人工打捞。

控制方案二：经常开增氧机，通过曝气散发有毒气体。

⑫水草"疯长"：池塘栽种适量水葫芦、水浮萍等能够净化水质，营造良好的生态环境，对水蛭生长有利。但水草过多，也会对水蛭造成危害。其主要原因就是因为池中水草没有很好地控制，出现了"疯长"的现象，加之遭遇梅雨季节，天气沉闷，气压较低，阳光不足，致使水草腐烂，水质变坏，水中严重缺氧，使水体环境被破坏。

控制方案：人工清除的漂浮水草和腐烂水草应随时捞出水面，但应注意每次同一池中不能捞出过多，可以在同一池中分点交叉割除，最好控制总量的1/3以下。

⑬出现大量青苔：青泥苔是一些<u>丝</u>状绿藻，一般在夏季生长，幼蛭不慎钻入青泥苔里，缠住后会死亡。此外，青泥苔消耗池中的养料，影响浮游生物的繁殖。因此青苔的控制应重在预防。

控制方案一：把草木灰洒在青泥苔上并盖满藻体，每亩用草木灰 50 千克。

控制方案二：先捞出池中的青泥苔，然后注入肥水至池塘内总水量的 30%～40%，每亩施腐熟粪肥 100～150 千克，待池水变肥后（池水透明度保持在 20～30 厘米），青泥苔将失去生存条件而被彻底清除。

控制方案三：合理投喂，防止饲料过剩，饲料必须保持新鲜。

三、投　饵

水蛭的主要饲料是以螺蛳、河蚬、田螺、福寿螺等为主，辅助饲料是水生软体昆虫、浮游生物和青汁饲料，投放饲料时间为下午 5 时左右，投放量根据水蛭的大小、个体饲养数量来计算，一般高密度养殖，每平方米水面饲养量为 400 条左右，通过实践，水蛭 2 天左右吸取一粒螺蛳，根据水蛭交叉吸食的情况测算，每平方米每天投喂螺蛳 0.25 千克，实验测算 0.5 千克螺蛳为 500 粒左右，因此，在正常养殖的情况下，每条水蛭从幼苗到成品吸取螺蛳约 36 粒，计量为 35 克左右。其他活体饵料可参考此重量进行投放。

在投喂螺蛳的操作过程中，要求将自捕或培育的螺蛳先清洗杂质后，然后进行满池投放。如果没有培养池进行培养，购进的螺蛳要堆放几天，可将螺蛳放阴凉的地方，干放铺平、不积堆，这样能保持螺蛳生存1周，不会死亡。投喂时要细致检查螺蛳是否有臭味、死亡，一旦发现，不能投喂。并且要做到四定原则，即定质、定量、定点、定时。

四、其他管理

1. 清理杂物

在养殖过程中，由于各类水草生存在池里，水草的发棵也是新陈代谢，因此，要清理各类干枯杂草和水质太瘦所造成的青苔，为水蛭生长创造一个良好的生活环境。

每半个月清理一次螺、蚌的空壳。注意，螺壳内很可能有幼蛭，要用镊子将其取出，放回池内。

水蛭池周围100米之内不要使用或存放农药、化肥、生石灰等，以免毒气吹入池中，引起水蛭中毒死亡。

2. 巡池检查

巡池检查工作要认真细致，观察水蛭的活动、摄食、生殖等情况，观察池内的饵料虫与水蛭等的天敌情况，发现问题及时解决。尤其是水蛭产卵的场所，土壤要达到要求的水平，泥土要松软。防逃设施如稍有损坏就应及时补好，防止水蛭外逃造成不应有的损失。

养殖期间，要经常关心天气预报，随时做好一切准备工作。下雨时要做好防逃等准备工作；遇高温天气，水蛭的背部出现紫深颜色，这时需要补水降温。

3. 做好记录

将水蛭养殖期间的温度、湿度、投料、水质等情况，尽量详细地记录下来，以便总结经验，提高养殖技术水平。

第二节　水蛭的精养分龄饲养管理

各龄水蛭的生活习性、生长特点和对饵料的要求有所不同。为适应水蛭各生长发育期的生活要求和便于饲养管理，可把水蛭划分为幼蛭、青年蛭、种蛭 3 个龄期，根据各龄水蛭的特点分别进行饲养管理。

一、幼蛭的饲养管理

刚从卵茧中孵化出来的幼苗，身体发育不健全，对环境的适应能力较差，对病害的抵抗能力较弱。因此，不能把幼苗直接放入青年蛭池中养殖，应在幼苗精养池或大塑料盆中强化喂养 1 个月再转入青年蛭池中养殖，以提高幼苗成活率。

1. 幼蛭的生理特点

幼苗从卵茧钻出后，前 3 天不吃食物，完全靠体内的卵黄维持生命，3～4 天后卵黄吸收殆尽才开始进食。此刻的幼苗消化器官性能较差，应注意投喂具有营养合理和适口性幼苗开口饵料，确保幼苗首次取食顺利成功。

2. 幼蛭精养池的准备

（1）清理池塘：幼蛭精养池是蛭苗的生活场所，环境条件的好坏将会直接影响到蛭苗的成活与生长。因而，提供合适的环境条件，是提高蛭苗成活率的一个十分重要的环节，而清整幼蛭精养池又是改善蛭池环境条件的主要措施之一。

新建的水泥精养池经脱碱方法处理后，在蛭苗放进池前10～15 天，池中注水 5～10 厘米，每平方米用 10～15 克的漂白粉全池泼洒消毒。消毒 3～5 天后，放干池中积水，再冲洗一次后，将发酵好的牛粪或鸡粪按每平方米 0.3 千克定点堆放在幼蛭精养池底并用泥土覆盖 20 厘米厚，再灌入清洁无污染的新水 20～30 厘米深，以培养水蚤、枝角类、草履虫等浮游微生物。新水要过滤，以防其他天敌及其苗的混入。

（2）放苗前幼蛭精养池水温要保持在 20～25℃为宜，过高或过低都会对幼苗生长不利，水深宜保持在 30～50 厘米。

（3）微型增氧机安装调试好，周围要安装 60 目以上的尼龙网。

（4）在幼苗开口期间水中暂时不放水草。在幼苗入水 5～6 天后，开口饲料投喂完毕后再在精养池放置适量的水浮萍或浮莲供幼苗休息。

3. 饲养管理

（1）挑选蛭苗：蛭苗必须无伤、无病、健壮、体表光滑。蛭苗入池前，用 0.1% 的高锰酸钾溶液消毒 5 分钟。

（2）试养：7～10 天后，即可投放蛭苗进行饲养。大批量投放蛭苗前，要先放入几条蛭苗试养 1～2 天，确无不良反应时，再投放种苗饲养。投放到一个精养池的蛭苗孵化时间最好不要相差 3 天以上。

（3）放苗：刚孵出的幼苗，先在泡沫箱内放置 2 天，第三天早上 8:30—9:00 或下午 5:30—6:00（水温最低在 20℃左右，如果温差过大，应调节水温）入水，此时的水温应接近孵化室的温度（注：幼苗入水前应注意入水后几天的天气预报，避免幼苗入水后天气突变、温差太大引起幼苗大量死亡)。

　　放苗时要把幼苗放在泡沫箱盖或浮板上置入池中自由漂浮，让幼蛭自然爬进池塘，以减少死亡。投放刚孵出的幼苗时，按每立方米水体放养 2500 条计算。

　　(4) 饲喂：任何一种动物幼苗管理都很困难，尤其幼苗首次取食，简称开口饵料。水蛭幼苗更加困难，因为水蛭是喜欢群居性动物，当幼苗从卵茧中孵化出茧后，它们喜欢群居在一起，即使放养在水池里，也会成千上万地挤在一起，而且昼夜不分散。由此，对于幼苗的首次进食更加困难，一旦幼苗长时间不进食，将会瘦小无力直至死亡。因此，让幼蛭尽快开口进食是人工养殖成败的关键性一步。

　　幼苗入水后，开始摄食时，主要以水中的轮虫和水蚤为食。若水中微生物不足，可将培养的轮虫、水蚯蚓、水蚤、枝角类等浮游饵料投在培养池内，或投喂小血块、煮熟的鸡蛋黄末、豆奶粉等，10 万幼苗约投喂饵料 2～3 千克。投放饵料后要开动微型增氧机，使饵料在池内循环，促使幼苗取食，从而达到分散幼苗的目的。

　　有的种苗商让养殖户用小河蚌、小螺蛳养殖水蛭幼苗，这是不可取的，因为河蚌、螺蛳喜欢在池底的淤泥中，水蛭幼苗一般不会到深水区进入小河蚌、小螺蛳的体内取食。即使深入到池底，也会被小河蚌、小螺蛳夹死或夹伤，导致死亡。即使没有死亡的也不会生长或生长缓慢。

　　在精养的过程中，饵料的投喂要严格按照定质（饵料洗净）、定量、定点、定时的四定原则。

　　(5) 投放水草：开口饵料投喂完毕后在精养池放置适量的水浮葫或浮莲供幼苗休息。

　　(6) 防逃：幼苗精养管理阶段，要严格掌握雷雨天气，避免池边流水而使小幼蛭往上爬，应做好池边防雨，如盖上塑料布。只要池边没有雨水的积流下池，保持池墙边干燥，幼苗就不会往上爬。也可以在池上方盖上一条 60 目以上的防逃网。

（7）水质管理：幼苗喜欢新鲜水源及微流量。因此，幼苗期间要每天早晨 8：00—9：00 补水或换水 3～5 厘米。若饲料搭配合理，新鲜水质充足，池中就要保持一定的微流量。

排水时要检查排水管道上蒙的尼龙网。如果排水较慢，可把网做长一些，倒扣在排水道上，网尾向水池里拉伸后，用砖石固定，下水就快了。

（8）清除敌害：要及时清除残饵，防止敌害生物如水蜈蚣等的繁殖、生长，以提高蛭苗的成活率和蛭苗的质量。

4. 幼蛭死亡的可能原因及预防

（1）培育池条件差：池水过深、淤泥又厚的池塘，水温回升很慢，蛭苗易沉底死亡或形成僵苗。

应对措施：蛭苗培育池选择面积不要太大、底泥厚度不要大于 20 厘米，放养蛭苗时水深控制在 30～50 厘米。

（2）苗池中残留毒性大：由于清塘时药物用量大、水温低，药力尚未完全消失，或施用过量的没有腐熟或腐熟不彻底的有机肥作基肥，导致底层水中缺氧或有毒、有害物质浓度偏高，造成刚放入池的蛭苗大批死亡甚至全军覆没。

应对措施：根据情况施药、施肥，放苗前要放入几只蛭苗先试水，若这些试水蛭在 1 天内无异常反应，可放入其他蛭苗。

（3）幼苗质量差：有两个原因造成蛭苗质量差。

①蛭苗的孵化条件差、孵化用具不洁净，产出的蛭苗带有较多病原体或受到重金属污染，蛭苗下池后成活率低。

②运输来的蛭苗经过运输、放池后，因体弱下池后沉底，其

成活率也不高。

应对措施：按照标准建设蛭苗繁殖场，孵化用具消毒处理后使用；蛭苗尽量自己繁殖或选择运输距离少、时间短、质量好的苗种场。

（4）缺乏适口饵料：有些养殖户不重视施肥培水，或施肥时间与蛭苗下塘的时间衔接不当，蛭苗下塘后因缺食被饿死或生长不好。

应对措施：

①蛭苗池要彻底清塘，以杀灭敌害生物，以利于池底有机物的分解。

②根据蛭苗池的底泥厚度、肥料种类、水温等情况确定合适的基肥施用量，施肥时间最好是在蛭苗下塘前5～7天。

③蛭苗下塘后可将培养的轮虫、水蚯蚓、水蚤、枝角类等浮游饵料投在培养池内。如果没来得及培育饵料，可投喂小血块、煮熟的鸡蛋黄末、豆奶粉或豆浆等。

（5）池中敌害生物多：由于没有清塘或清塘不彻底，或用的是已经失效的药物，或在注水时混进了野杂鱼的卵、苗、蛙卵等敌害生物，它们与蛭苗争饵料、争氧甚至残食蛭苗。

应对措施：清塘一定要彻底；使用消毒药一定要到正规药店购买，并注意药品的有效期；放入幼苗池的新水要过滤，以防其他天敌及其苗的混入。

（6）春季水温变化引起的死亡：春季气温不稳定，如果遇到倒春寒，又没有采取相应的保温措施，引起幼蛭死亡。

应对措施：春季气温不稳定时，要加设保温设施，如池上盖塑料布等。为了防止万一，保温设施每天晚上都要盖好。

5. 转池

当幼苗精养30天之后，随着水体的肥度增加，水葫芦或浮萍也在大量发棵，分苗时，将新发棵的水葫芦或浮萍（图 5-1）连同上面的幼苗一起移入青年蛭池中。

图 5-1　水葫芦上的幼蛭

经过幼苗精养后幼蛭成活率相当高，可达 80％。

转池时如果短期内没有幼蛭精养任务，可在幼蛭精养池内留少许幼蛭，待再利用时把它们捞到商品蛭池即可，以充分利用池塘面积。

二、青年蛭的饲养管理

青年蛭也就是准备进行商品生产的蛭，转入青年蛭池后的幼蛭也就进入了商品蛭管理阶段。

1. 青年蛭的生理特点

育成蛭成长速度快，进食量增加，需要更宽广的活动环境。

2. 青年蛭养殖池的准备

（1）养殖青年蛭的池塘也要在转池前 10～15 天进行相应的清塘、消毒处理，再灌入清洁无污染的新水 20～30 厘米。新水也要过滤，以防其他天敌及其苗的混入。

（2）经太阳暴晒数日后，使池水变肥，有利于培育水蚤、枝角类、草履虫等浮游微生物。在投放育成蛭前 2～3 天，把池水水位提高到 80～100 厘米，并根据从幼苗精养池移入青年蛭池中水浮莲或浮萍的数量、池塘的面积、放养水蛭的数量适当添加水浮莲或浮萍的数量（占池水面积的 1/3 即可），以保证水蛭有足够的栖息和隐蔽场所，吸收肥分、净化水质。

（3）转池时要保证青年蛭养殖池的水温与幼蛭精养池的水温相差 3℃以下，过高或过低都要进行相应的调节。

3. 饲养管理

（1）挑选：转入青年蛭池的蛭苗也要经过挑选，并且在入池前，将水蛭放入 0.1% 的高锰酸钾溶液中浸泡消毒一遍。

（2）试养：全部转池前，也要先放入几条蛭苗试养 1～2 天，如果试水蛭活动正常，证明清池后药物毒性消失，可以按密度转入全部蛭苗。

（3）放养密度：转池时幼蛭密度控制在 1000～1500 条/平方米。

放养时注意池塘面积较大、底质较好、水深适中、排注水方便的，密度可放大些；反之，密度应小些。饵料和肥料数量充足，且质量好的，密度可放大些；反之，密度要小些。

随着水蛭月龄的增长，并且根据死亡情况，随时调整密度，最后达到 5 个月龄以上，每立方米水体 500 条左右即可。

（4）饵料投喂：青年蛭池最好的饵料是螺蛳、田螺、河蚬、福寿螺，投喂量应是每投 1 千克水蛭，每天要投给 1.5～2.0 千克的活螺蛳（田螺、河蚬、福寿螺）。投放活螺蛳（田螺、河蚬、福寿螺）时要根据水蛭的生长情况，大水蛭投大螺蛳（田螺、河蚬、福寿螺），小水蛭投小螺蛳（田螺、河蚬、福寿螺），保证都能得到食物。

这个阶段水蛭的取食量颇大，个体增长迅速，所以每过半个月左右，捞一次螺蛳（田螺、河蚬、福寿螺），检查壳的比例，如果空壳的比例占 50％左右，就应该再投一些，以防饵料不足。清除螺壳时，要清洗螺壳，如发现有躲藏在螺壳内的水蛭，要用镊子夹出放回池内。

水蛭生长快慢与饵料供给有很大关系。饵料充足，生长发育就快；饵料不足，生长发育就缓慢。小规模、高密度的集约化养殖，除了投给活的螺蛳（田螺、河蚬、福寿螺）以外，还要每半个月补充供给一些动物鲜血和切碎的动物内脏。为不影响水质，不能将动物鲜血和切碎的动物内脏直接投入水中，要将血块放在泡沫箱盖或木块上，使其浮在水面上，水蛭嗅到味后便可爬上采食，但动物鲜血和切碎的动物内脏不得超过两天就得捞出。

供给饵料也要坚持四定的原则，即定时、定点、定质和定量。定时，每天固定上午 8：00 和下午 6：00 各投饵 1 次。定点，把饵料台固定在一个地方。定质，是保证饵料新鲜，变质的食物不能用，饵料种类也要相对固定，繁殖期还要加一些动物血。定量，水蛭的食量是自身体重的 5％，根据每天投饵时被吃掉的情况而灵活掌握投喂量。

（5）水质管理：水质的调节是饲养管理上必须掌握的环节，要使池水经常保持充足的氧气和丰富的浮游生物，保持水蛭食欲旺盛，生长快，必须加强池水管理。

①保持适当水位：水浅易导致水质恶化，水深一般要保持在

80～100 厘米，高温季节适当加深水位或增加换水量。原则是低温时浅、高温时适当加深。

②适量补水：每天早晨 8：00—9：00 补水或换水 3～5 厘米。若饲料搭配合理，水质新鲜充足，池中保持一定的微流量。

③及时清除残食：每次喂食 3～4 小时后，要清除残留饵料。特别是盛夏高温时节，为防止残饵发酵使病原微生物大量繁殖。养殖期间，每亩池面用漂白粉 10～20 千克，全池泼洒，一般每月 1～2 次。饵料台每隔 7～10 天消毒 1 次。

④检测水质：定期用仪器检测水中的 pH 值、亚硝酸盐、氨氮、溶解氧。做到水质肥、活、清、含氧量充足，pH 值不大于 8。水肥度不够时，可将少量的牛粪或鸡粪等发酵后洒入池底，既保证了水的肥度，又使池底保持松软。但水不能过肥，过肥时，容易缺氧。为防止水质恶化，正常养殖时，注水和出水速度相等，使池水处于极微流的状态下。

（6）温度调节：夏天高温季节，除采用遮阳网遮阳外，也可在池边种南瓜、丝瓜、扁豆等攀藤植物，并在池上搭架，以遮阳降温。秋季应及时撤除，增加光照升温，延长摄食生长时间。

（7）巡池：每天坚持早、中、晚 3 次正常巡池，注意观测水质、水温、池水深浅的变化。巡池检查工作要认真细心，细心观察水蛭的活动、摄食、生殖等情况，严禁池内有水蛭天敌进入；发现逃跑水蛭要及时捉回；对进入生石灰沟内死亡的个体要及时捡回晾干，备作药用。在阴天或雨天注意巡视池周，防止水蛭大量逃跑。

（8）分养：随着水蛭的生长，要根据密度要求，将规格相当的水蛭分养在不同的池中。或将符合规格的水蛭捞出加工。

（9）防病害：水蛭的耐污性和抗药性都差，因此养蛭池周围最好不打化学农药。同时，不要有生活污水或有机废水渗入、排入养殖池内；定期每立方米水用 0.2～0.4 克的呋喃唑酮粉全池泼洒或 EM 菌泼洒进行水体消毒。

（10）防天敌：清理池内杂物；为防止鸟类特别是水鸟捕食，可在池周围设定 1～2 个稻草人。

4. 适时采收与留种

一般经过 6 个月的生长，早春放养的幼苗到 10 月份即可捕捞加工了。需要留种时，选择个体较大，生长健壮的留种，一般每亩留种 15～20 千克即可。选留的种蛭，集中投放到越冬种蛭繁殖池内养殖，其余水蛭清洗干净，装入容器以待加工。

三、种蛭的饲养管理

1. 种蛭的生理特点

水蛭在人工养殖状态下，一般要历时 14～19 个月的生长发育，有些个体开始性成熟，才初步具有繁殖的能力，大批水蛭性成熟年龄一般在 24 个月以后。发育成熟的个体在清明后的 1 个月内和秋季的 8～9 月产卵，此时水蛭由深水区向浅水区游去，在池边的繁殖台上的湿土中产下卵茧。

2. 饲养管理

水蛭产量的获得，不是以放养种蛭的个体增重为目的，而是以繁殖幼体的生长为主，所以繁殖期的管理极为重要。

（1）保持水边土壤湿润：繁殖期间的水位要始终与繁殖台保持 20～30 厘米，特别在 4～5 月，水蛭正处于繁殖季节，要经常在岸边喷水，保持土壤潮湿，防止土壤干燥和板结，为水蛭的交配、产卵创造良好的条件。

（2）巡池：巡池就是围绕养殖池巡检，发现问题及时解决。尤其是水蛭产卵的场所，土壤要达到要求的水平，泥土要松软。防逃设施如稍有损坏就应及时补好，防止水蛭外逃造成不应有的损失。

（3）调节温度：繁殖期水温最好控制在 25℃左右。温度高（如超过 30℃）时，则应采取遮阴降温措施；春季如果温度低（如低于 15℃）时，则应用塑料膜覆盖。尤其在晚上，更应注意防止温度的突然下降。夏季采用定期冲注新水或更换部分池水的方法把水温控制在 32℃以内。

（4）调控水生植物：水生植物总体上要占水面的 1/3，如果水生植物面积超过 1/3，则应适当减少，特别是放养的水葫芦，繁殖速度快，更应注意。捞除水草时，要避免带出水蛭。若水草较少，特别是浮水性的水草要及时补充，尤其在高温季节。

（5）投料：繁殖期水蛭要消耗大量能量，因而饵料要精良、充足，更要注意饵料的新鲜。主要应以活体动物如水蚯蚓、螺类等为主。

（6）防病：对病害应贯彻"预防为主"的方针。定期进行消毒。可用漂白粉 7～10 天消毒 1 次，用量要少，否则对水蛭的繁殖不利。发现有生病的水蛭应立即隔离治疗，防止疾病的蔓延和传播。

（7）做好记录：将繁殖期间的温度、湿度、投料、水质、繁殖数量等情况，尽量详细地记录下来，以便总结经验，提高繁殖技术水平。

3. 种蛭死亡原因及预防

（1）环境条件差：由于有些养殖户盲目引种，与之配套的设施没有完全跟上，有的只好把种蛭暂养于小水体中，有的水体设在室内并缺乏必要的光照条件。也有的养殖户所用的水源不洁，且所用的水草没有完全洗净，不良的环境条件降低了种蛭的抗病能力，也给病原体的传播提供了有利条件。

应对措施：

①应把各项准备工作做好后再进行引种，引种回来后按要求合理投放。养殖户在引进种蛭之前，应先把蛭池建好，并选择水源充足、无污染、进排水方便的地方。要投放池中的水葫芦等水草应在清水中反复洗净后再投放。

②建议养殖户在引种之前应先多阅读一些有关水蛭养殖的书籍或相关资料，对养殖水蛭有一个初步的认识，切不可盲目引种，给自己带来不必要的损失。

（2）种蛭可能携带病原体：引进的种蛭有携带病原体的可能。

应对措施：运回的种蛭在放入池中以前，一定要将种蛭放入0.5%～1.0%的福尔马林或0.1%的高锰酸钾溶液中洗浴5分钟，然后将种蛭放入隔离池饲养，确认无病态现象，便可放入正常的饲养池或在其他水蛭池中混养。

（3）越冬期间死亡：越冬期间水蛭的免疫力下降，体质较差，对外界环境变化容易产生应激反应，而且水蛭在越冬期间消耗能量过多，在蛋白质消耗低到一定的限度时，水蛭的代谢遭到破坏发生死亡。

应对措施：在水蛭越冬之前，一定要满足水蛭越冬能量的储藏，提高抗冻能力和抗病能力，提高水蛭的越冬成活率，这是水蛭安全度过越冬期的最重要的条件。

（4）水蛭不适应与应激综合征引起的死亡：严重的不适应与应激综合征可直接导致蛭体的严重充血败血而死亡，轻微的不适应与应激综合征也能引起其他细菌性并发症。

激发水蛭不适应与应激综合征的因素很多：一是环境因素，例如水、土、草的理化性状以及配置的失调，有毒有害污染物质超值，病原体和敌害的侵袭等；二是自然因素，例如气候、温度、溶氧的骤变、强光热、雷电、噪声、紫外线等；三是人为因素，例如，捕捞不当致伤，激烈惊扰，反复转移、投喂，管理不善等；四是生理因素，例如水蛭的生理习性对应激因子的承受力和应变力有限，潜伏性细菌和寄生虫的急性转化等，不仅如此，有时诸多因素往往又叠加在一起，更使水蛭无法适应，病变就无可避免。

在孕蛭的临产期和产卵后的休养期，临产水蛭需要安静和保护，生产水蛭体质虚弱，二者都经不起太大的惊扰，若稍有不慎，极易诱发成不适应与应激综合征，若在此期间引种养殖，出现不利状况是理所当然的，尤其是尚未掌握水蛭生理习性和病害防治方法的初养者，极易导致水蛭的大量死亡。

应对措施：水蛭在病发期间，病情严重并无法控制的重病蛭，已失去治病再养殖的价值，应该果断地处置掉，否则极易引发急性感染的扩散，导致水蛭的大批死亡。

4. 越冬管理

当气温降到 10℃ 以下时，要做好种蛭的越冬管理工作。

5. 清池

种蛭一般利用不要超过 4 年，第四年秋季要全部清池（塘）处理。

第三节　水蛭的混养管理

一、水蛭-藕混养

1. 莲藕栽种

一般在春季断霜后，即可选择种藕进行栽种。栽种密度比一般藕池要稀些，株行距为 2 米×2.5 米，亩栽 130 穴左右，每亩需种藕 130～230 千克。栽种后注入清水，在 15 天以内水要浅，一般保持水层 6 厘米左右，这样可提高土温，促进萌芽，以后逐渐加深水层。在栽后 20～25 天，有 1～2 片立叶时，即可加深水位到 20 厘米，以后逐渐加深水位到 60 厘米。

2. 水蛭放养

每亩水面投放 20 千克左右的种蛭为好，放养规格应尽量整齐一致，不同规格的水蛭应分池饲养。

3. 饲养管理

在饲养管理过程中，要加强投饵、水质调节、防逃、繁殖、病虫害防治、越冬等方面的管理。

（1）投饵：同池塘精养一样，投喂量按每 1 千克水蛭每天要投给 1.5～2.0 千克活螺蛳（田螺、河蚬），但混养时注意不要投放福寿螺，以免造成危害。混养时也要每周饲喂动物血 1 次，每亩约 7.5 千克左右，把动物的鲜血凝块分割成块放入饵料台上，每隔 5 米放 1 块，待水蛭吸饱自行散去后及时清除残渣，以免污染水质。如看到多数水蛭在水中游动不止，说明池内饵料不足，应立即适量补投活体饵料。

（2）水质调节：饲养过程中要经常保持水质清新不被污染，尤其是七八月气温高时要注意换水，使水温控制在 15～30℃。

平时要防止杂物落入池中，如有杂物立即捞出，防止水质污染。

（3）防逃：水蛭在晴天一般不会越池逃走，但在雨天池水满溢时会随流水逃走，因此雨季到来之前要检查防逃设施。平时应经常检查进、排、溢水口，防逃网及其他防逃设施，如有损坏应及时修补，防止水蛭逃失。

（4）繁殖期管理：水蛭的繁殖季节应保持环境安静，尽量避免在池边走动、震动。水蛭产卵茧后，卵茧留在池中自然孵化。幼蛭孵出 3 天后同精养一样投喂幼蛭开口饵料，以保证幼蛭的成活率。

（5）病虫害防治：主要是防止农药，特别是有机磷和有机氯农药的污染，可引起水蛭中毒甚至死亡，并易在水蛭体内蓄积，降低药材品质，危害人体。因此池中藕及池塘四周的农作物不可使用剧毒的有机磷和有机氯农药。其次是防止天敌进入，如水鸟、乌鱼、鳝鱼、青蛙等，应加强驱赶和捕捞。

（6）采收：9～10 月，水蛭如果达到捕捞规格可捕捞加工，达不到商品规格要在池中越冬。

藕池混养水蛭，要先诱捕完水蛭后，再采收莲藕。采收水蛭要采用振动法、灯光诱捕法、猪血诱捕法，不能采用排水捕捞法或拉网捕捞法。

水蛭在池中越冬的不要采收莲藕，待第二年采收水蛭后根据情况采收；混养越冬时可放净池水，盖上稻草保温，或加深池水，以防止池水冻结到底，使水蛭安全越冬。

二、水蛭-茭白混养

1. 茭白栽种

茭白选无雄茭、无灰茭、肥大、肉质白嫩、种性好的种苗。在 4 月上、中旬直接分墩种植，秧苗随挖、随分株、随定植。与水蛭混养的茭田栽植密度要比正常茭田密度小些，一般宽行 2 米，窄行 1.6 米，株距 1.2 米，每亩栽 700 墩左右。

2. 水蛭放养

放养密度不能过高，种蛭每立方米水中放 30～40 条，幼蛭每立方米 100～150 条。

3. 饲养管理

（1）投饵：投饵方法同藕池管理一样。

（2）水质调节：水质保持清新不受污染，进出口保持有微流水。水温控制在 20～30℃，夏季高温要保持水位，增大水流量。

（3）防逃：同藕田防逃管理一样。

（4）病虫害防治：茭白田四周的农作物不可使用剧毒的有机磷和有机氯农药。

（5）采收：水蛭采收一般在冬眠前进行，届时将水排干，用网捞出。

第四节　水蛭的季节管理

1. 春季管理

初春，在气温达到 10℃左右水蛭就会出土（一般会在惊蛰节气后），出土后的水蛭活动寻食。但因这一季节温度忽冷忽热，使一些体弱瘦小和部分幼水蛭得病而死亡。为了使初春水蛭渡过这一难关，应对其采取切实可行的措施。

（1）保持温度：初春季节，气温忽冷忽热，有时还会出现倒春寒，白天和黑夜的温差较大。因此有过冬水蛭的池（塘）内，初春季节不能过早拆除池（塘）上面的防寒屏障，夜间应用塑料布将池（塘）盖严，保持池（塘）内的温度，白天应打开塑料布接收阳光增加热能，避免白天与黑夜的温差过大，造成生理机能不适应而死亡。

新养殖户春季引种如遇到"倒春寒"时，则不要急于引种，要等"倒春寒"过去后，气温稳定了再引种（有"倒春寒"时，宁可让种蛭少产一次茧，也不要强行引种，以防损失过大）；如遇温度突然下降，则要增加池（塘）水的深度或加盖塑料布保温。

（2）合理喂食：初春气温不稳定，阴冷天气水蛭蛰伏不动，此时一般不需要供食。待到晚春，气温升高，水蛭活动能力增强时，也不应喂得过多，且两次喂食时间相隔 10 天左右。若喂食过多，水蛭常因温度较低而消化不良。投喂时可直接将螺蛳、田螺、福寿螺等投到水蛭的活动区，让水蛭自由采食。

（3）保持合适水位：在繁殖期如果水漫过土床 7 天左右，水蛭卵会因缺氧而死亡，要注意保持合适的水位，以确保养殖成功。

2. 夏天管理

水蛭在炎夏死亡严重，主要原因是盛夏当气温升到 38～40℃时，水温可以达到 33～35℃，水蛭在这种水温中已感到很不舒适，食量减少，生长缓慢，如果池水较浅、无遮阳设施，就会因水体缺氧，使水蛭停食、不安、浮游在水面、头部上仰、不时颤动而发生死亡现象，严重时水面漂浮很多尸体，池水发出臭味。为了保证水蛭安全过夏和汛期，必须做好以下工作：

（1）防暑：高温时节到来之前除采用遮阳网遮阳外，也可在池边种南瓜、丝瓜、扁豆等攀藤植物，并在池上搭架，以遮阳降温。另外，可添加部分水葫芦、水浮萍等遮挡物，或在早上或傍晚陆续注入新水，这样可有效地防暑并且可以让水蛭有新鲜的氧气。同时按每立方米水用 0.2～0.4 克的呋喃唑酮粉全池泼洒，保持 10 天左右不换新水，可以有效地防治水蛭细菌性传染病的发生。

（2）防洪：应该提前把养殖基地周围的水沟疏通，且把水蛭养殖基地的溢水口全部打开，同时把出水处的纱网检查一下，谨防水蛭顺着洪水逃跑。

（3）防止水蛭浮头：正常饲养条件下，如出现一般性浮头，说明放养密、投饵多、水蛭生长旺。但在天气闷热、阴雨天、水质严重恶化、水面出现气泡等情况下，或早、晚巡塘时发现水蛭群集水面、散乱游动，则说明水严重缺氧，必须迅速处理。

对轻度浮头，只需立即注入新鲜水增氧即可，但千万不能在傍晚注水，以免造成上下层对流反而加剧浮头。暗浮头多发生在夏季和秋初，症状轻，不易察觉，如不及时注水预防，易发生泛塘死亡，一定要细心观察、及时处理。对天气、水质突变引起的浮头，只要减少投饵，将饵料残渣及时捞出，从速注入新水即可解决。

（4）注意饵料质量：饵料一定要新鲜，切忌投喂变质、腐臭饵料，以免水蛭吃后患肠胃病。夏季水蛭生长快，要尽量多喂螺蛳、田螺、福寿螺等鲜活饵料。

（5）严防水蛭逃跑：夏季天气变化突然，特别是发生雷雨、暴雨时，水蛭焦躁不安，最易逃跑。因此，要特别注意检查水位深浅、池壁池底有无裂缝以及排水孔网罩是否完好，及时排除隐患，堵断水蛭逃跑的出路。

3. 秋季管理

秋季由于气温越来越低，管理上有其特殊性。

（1）气温 18～24℃ 时，水蛭表现极为活跃，可加大投饵量，为冬眠做准备的同时也提高水蛭重量。气温 18～24℃ 时，可用无滴塑料薄膜覆盖增温饲养。气温在 13～18℃ 时，逐步减少投饵量。

（2）适时采收水蛭。

4. 越冬管理

冬季来临前，要做好种蛭的安全越冬工作。入秋后，气温降至 10℃ 以下，水蛭开始停止摄食。人工养殖水蛭的越冬方法比较简单，可分为自然条件下越冬法和设施越冬法。一旦进入越冬状态，禁止进入池中越冬区域搅动，防止破坏水蛭越冬环境。

（1）自然越冬法

①干池越冬：在人工养殖情况下，如外界温度低于 10℃ 时，将池里水排干，在养殖池的上面和四周盖上一层稻草或塑料薄膜

保温保湿，如遇阴雨冰冻天气，池内确保无明水出现。待翌年气温转暖后，水蛭能很快地出来活动、取食。这种自然越冬法，能避免大批水蛭冻僵或死亡，也节省费用、省力，适合于大面积商品水蛭的养殖。

②深水越冬：带水越冬，一定要将池水适当加深至 1.2 米，并经常破冰，保持水中有足够的溶解氧。

（2）设施越冬法

①池内保护越冬：把种水蛭放在塑料薄膜棚内越冬。在池、沟的顶上用竹子或钢筋搭建成"人"字形顶棚，高度不宜过高。上面盖两层塑料薄膜，与池边连接成一密封的保温罩，利用充足的阳光取暖保温。在四周用泥将薄膜密封，薄膜上再盖一层疏网，以防大风把薄膜吹翻。棚四周要筑排水沟，防止雪水大量流入棚内。

当外界气温下降时，将薄膜密封，并盖上一层稻草帘子。晴天掀开，利用日照保温，也可通气。这种方法能保持一定的温度，大大地减少了种水蛭的死亡率。

②温室大棚越冬：水蛭在温室大棚内挖池越冬，是保证蛭种高成活率的措施之一，但笔者在这里建议养殖者利用原有大棚、不用投资另当别论，新建大棚要做好成本核算。

进入 10 月份以后，气温降至 20℃以下时，即可将水蛭移入塑料大棚内的池内采用干法越冬。期间日常管理应密切注意温室内外温度的变化及增氧防风、抗寒等，以保障水蛭的正常越冬，可为翌年准备足够的蛭种。

（3）越冬期管理：水蛭在越冬期间，要密切关注一些天敌动物，如黄鼠狼、老鼠，杜绝进入水蛭冬眠池，以防冬眠水蛭被侵害。

第六章　水蛭的病虫害防治

水蛭的生存能力与抗病能力比较强，只要按照科学的饲养管理方法去操作，在饲养期间极少发生病害，但如果养殖管理不当，也会造成水蛭疾病的发生。

第一节　水蛭的发病原因

一般情况下，水蛭的生命力比较强，基本无疾病，但是人工养殖由于饲养密度过大，外界因素（池内水温不稳定，饵料不新鲜，饵料残渣未及时清理，导致水质恶化）和蛭体的内在因素致使水蛭发病。

1. 温度不稳定

温度不稳定是指气温过低或昼夜温差较大等，这样都会使水蛭的抗病能力下降，造成水蛭不适应或患病。寒冷时未及时采取保护措施，如在倒春寒季节受冻，就会引起水蛭发病或死亡；炎热时未采取降温防暑措施，如水温过高，太阳直接照射等，都会造成水蛭食欲减退，甚至死亡。

2. 水质恶化

随着小水蛭逐渐长大，池中的排泄物不断增多，再加上残饵大量存积和气温的升高，或长期处在高温季节，如果不及时换水，池水就会腐败，严重时发黑发臭，有害病菌大量繁殖，极可能引发各种传染性疾病。

3. 溶氧量少

水蛭适于在水源充足、含氧量高的水体内生活，因此水中溶氧含量的高低对水蛭生长发育都有很大影响。

4. 放养密度大

水蛭的养殖密度，一般和外界温度有关。温度低时，密度可适当大些；温度高时，密度可适当小些。而在实际养殖时，春季温度偏低，密度应该大些，而由于是放种期，又不可能太大。夏季温度偏高，养殖密度应当小一些，而由于水蛭大量繁殖，又显得养殖水体不足。如果放养密度高于正常密度 3 倍以上，必然造成水蛭活动空间相对减小，再加上饵料不足或分配不均，排泄物过多，有可能引起疾病的发生和蔓延。

5. 饲养管理差

饵料是水蛭生活所不可或缺的，若饵料供应不充分或投喂腐烂、变质、不清洁的饵料，或未根据水蛭的需求量投喂，都会使水蛭正常的生理活动发生异常，导致疾病的发生。

6. 营养不良

造成营养不良的原因：一是养殖密度过大，饵料分配不均，使弱者更弱，而逐渐消瘦，体质下降，感染疾病或死亡；二是饵料营养配比不合理，长期饲喂单一饵料，造成营养不良，抵抗能力下降；三是投饵不遵循"四定"的原则，水蛭时饥时饱，有时吃了腐败变质的食物，也会造成发病或死亡。

7. 其他

（1）机械性损伤。

（2）生物因素：如病原菌等微生物。

第二节　水蛭养殖场的卫生防疫

1. 保健措施

（1）加强饲养管理：加强水蛭的日常饲养管理，创造适合于水蛭生活的良好条件，提高水蛭对病害的抵抗力，这是防治水蛭疾病的根本措施。

水蛭的场地要选择资源条件好，包括饵料资源、水资源，同时还要考虑到向阳、保暖、防暑降温等条件。

使用无污染的水养殖水蛭，进水口要设细网，防止水生昆虫和野鱼进入。

水蛭的饵料要清洁卫生、品质优良、合乎各种营养的需要，只有食物的营养全面才能生产出合格的水蛭产品。因此提高食物质量是保证水蛭健康生长繁殖、增强抗病能力、预防疫病传染的一个基本环节。

（2）遵守卫生规则：卫生规则是水蛭养殖场预防措施的重要内容之一。在生产中要遵守各项卫生规则，讲究卫生，预防传染性疾病的发生与传播。水蛭养殖场的卫生规则，大体包括以下几个方面。

①场地和用具的清洁卫生：包括饵料台、放料的器具等，要随时收集清理，不能到处乱扔。

②物料保存完好：包括饵料、药品等物品，应保存在严密的库房内，防止发生破损和丢失。

③不用带有病原物或情况不明的食物作饵料，防止传播疾病。

④养殖区环境整洁，绿化到位，周边无化工厂、垃圾场等工业和生活污染源，具有与外界环境隔离的设施，内部环境卫生良好。养殖场布局合理，池塘设独立的进、排水渠道，避免出现交叉感染。

⑤养殖密度适当，并配备与养殖密度相适应的设施。

⑥时刻注意水蛭的健康情况，发现个别水蛭有可疑情况时要及时隔离观察，查明病因。

⑦禁止使用违禁药物。

⑧养殖区与加工区分开，分别采取不同的卫生管理措施。

2. 预防措施

（1）检疫：新引进种蛭时，应将种蛭隔离饲养，确认健康再与原有水蛭混养。在养殖期间，也要定期进行检查，及时发现病情。

（2）消毒：消毒就是消灭外界的病原体，也是对传染性疾病的一项防治措施。

在人工高密度养殖中，由于饲料的不断投喂以及水蛭的饲养密度，水蛭的成长和排泄物质增多必将会产生有毒病菌。因此，饲养过程，要定期对养殖水体进行消毒。

①用漂白粉带水消毒，水深 0.5～1 米，每亩池面用 10～20 千克，全池泼洒，一般每个月泼洒 1～2 次。

②每半个月，每立方米水体用 0.2～0.4 克的呋喃唑酮粉或 50 克碘伏（强力碘）全池泼洒消毒，以防治细菌性肠道疾病等。

3. 水蛭产品的质量控制

（1）严格选择养殖场地，远离污染，土壤、水、空气各项条件符合水蛭生产操作规程标准要求。

（2）坚持"全面预防，积极治疗，防重于治"的原则，尽量少用或不用药物。

（3）少用抗生素或其他化合物，多用环保绿色药物，生产上在不影响治疗效果的情况下，尽量用无残留、无毒性专用安全药物。如水蛭微生物制剂和水体改良剂等。

（4）严格遵守休药期制度：在休药期内停止使用一切药物。

（5）由专业技术人员指导用药，定期抽取水、土、水蛭等进行检测，一经发现药物残留超标，立即采取紧急处理措施，严格保证产品质量安全。

（6）大力推广健康养殖和生态养殖模式，维护生态体系平衡；积极推广使用无公害水产养殖操作和行业标准，提倡用微生物制剂和中草药来改善水产养殖环境和控制病害的发生。

第三节　水蛭的疾病与防治

水蛭人工养殖时间较短，关于其疾病及治疗的报道还较少。但由于水蛭个体较小，数量较多，个体治疗意义不大。此外，水蛭对药物非常敏感，消化道内又有共生细菌存在，消毒或药物治疗的浓度稍大，就会引起死亡。因此，水蛭的疾病防治主要是防止群体发病，对患病或死亡的个体要及时捞出。

一、疾病的诊断

1. 体表检查

及时从养殖池中捞出病蛭或刚死的水蛭，按顺序从头部、体表、尾部、腹部等仔细观察，以便能正确诊断疾病的种类。

2. 肠道检查

解剖蛭体，取出肠道，进行观察诊断。

二、疾病防治

1. 白点病

【发病原因】白点病也叫溃疡病、霉病。大多是被捕食性水生昆虫或其他天敌咬伤后感染细菌所引起的。

【症状】患病水蛭体表有白点泡状物和小白斑块，运动不灵活，游动时身体不平衡，厌食等。

【防治方法】定期用漂白粉消毒池水，一般每月1～2次。

2. 肠胃炎

【发病原因】水蛭由于吃了腐败变质的螺蛳或其他变质的食物引起。

【症状】患病水蛭食欲不振，懒于活动，肛门红肿。

【防治方法】

（1）用0.4％抗生素（如青霉素、链霉素等）拌到饲料中混匀，投喂后可收到较好的效果。

（2）用0.4％磺胺咪唑与饵料混匀后投喂。

（3）多喂新鲜饵料，严禁投喂变质饵料，遵循喂养"四定"的原则。

3. 干枯病

【发病原因】由于池塘四周岸边环境湿度太小，温度过高而引起。

【症状】患病水蛭食欲不振，少活动或不活动，消瘦无力，身体干瘪，失水萎缩，全身发黑。

【防治方法】

（1）用酵母片或土霉素拌在粉碎的螺蛳里进行投喂，提高抗病能力。

（2）加大水流量，使水温降低。

（3）在池周搭遮阳网，以达到降温增湿的效果。

4. 吸盘出血

【发病原因】人工拉伤（捕时），饲养池没适合隐蔽场所，长期吸附在池壁上。

【症状】水蛭前后吸盘或单吸盘出血红肿。很少能治好或自行恢复，主要因前吸盘内有嘴，一旦发生该病，多会因饥饿、窒息、运动困难而死亡。

【防治方法】

（1）捕捉时不要生拉硬扯。

（2）投放时用 0.1％高锰酸钾溶液浸泡 10～13 分钟，然后再投放。

5. 腹部出血

【发病原因】可能是因感染病原菌而引发。

【症状】患病个体在身体腹面出现红色出血斑点，运动缓慢，不久死亡。

【防治方法】

(1) 用 0.2％食盐水全池泼浇。

(2) 定期用漂白粉消毒池水，一般每个月消毒 1～2 次。

6. 腹部结块

【发病原因】运输过程中受挤压，或吸食不易消化的杂物，或吸食螺蛳腔液时把寄生虫吸入体内所造成。

【症状】多发生在生殖孔处或排泄孔处，尤其是生殖孔处，红肿瘀血的较多，病蛭进食困难，出现肿块以后身体运动失调，在水中运动困难，慢慢死去。

【防治方法】病发后没有很好的治疗方法，只能尽快加工。

7. 虚脱病

【发病原因】水中长时间缺氧，或食物长时间供应不足。高密度饲养或饲养池过小，水质不易调节多发生该病。

【症状】患蛭外观没有任何症状，但在水中运动不好，长期浸泡在水底，多出现大批死亡。

【防治方法】此病紧急改善水质也不易救活，因此在建造水池时，水体尽可能大一些，水质要保持良好，饲料要保持充足。碱性水质池多发生此病，因此要经常测池水的 pH 值调节水质。

8. 变形杆菌感染

【发病原因】此病多在水质恶化、蓄养不当时，由变形杆菌感染引起，均在夏季流行。

【症状】水蛭体表表皮剥落呈灰白色，肛门发红，接着在腹部和体侧出现红斑，并逐渐变成深红色，肠管糜烂。病蛭在水池注水部或近池边水面悬垂，不摄食。

【防治方法】每立方米水体用1克漂白粉水溶液，全池泼洒。

第四节　水蛭天敌的防除

在养殖水蛭过程中，防治与消灭敌害是重要一环，务必做好这一工作。水蛭的天敌主要有老鼠、蛇、蚂蚁、蛙、水蜈蚣、小龙虾、水鸟等动物，尤其是水蛭小苗，天敌更多。很多人养殖失败的主要原因就是在小苗的时候没有注意天敌的防除。

这里需要提醒的是，水蛭天敌重在防不在治，水泥池养殖好点，但大池塘养殖这点一定更要注意。

1. 老鼠

老鼠是水蛭的主要天敌，常会大量吞食水蛭，尤其水蛭在岸边活动时，因失去了防御能力而被鼠吞食。

【防除方法】

（1）加固四周防逃设施，防止老鼠入内。

（2）在水蛭养殖池沟周围放上捕捉工具，如夹子、笼子及药物食料，最好放置在围网四周的角上。每天晚上放，早上收，但要注意避免伤及人，应设专人负责。

（3）可以养猫，因为猫不吃水蛭。

2. 蚂蚁

蚂蚁出现的原因是饵料的气味引入，或土中带入。蚂蚁主要为害正在产卵的种水蛭和卵茧。

【防除方法】

（1）可用高温或太阳暴晒，或用百毒杀消灭蚂蚁虫卵。

（2）防逃网外周围洒施三氯杀虫酯等。

（3）用氯丹粉与防逃网外的黏土混合均匀，防止蚂蚁进入。

3. 水蜈蚣

水蜈蚣又称"水夹子"，是一种凶猛而又贪食的动物，经常用大颚夹住苗蛭吸其体液。一只水蜈蚣一夜能夹死十余只蛭苗，危害性很大。

【防除方法】

（1）在进水口处安装尼龙网，以免水蜈蚣随水进入池塘。

（2）在水蛭池四周水面上，泼洒一些煤油，使水蜈蚣接触到煤油而死亡。

（3）夜间用灯光照射水面，利用水蜈蚣和水蛭的趋光性，用网捞取水蜈蚣，水蛭若被捞出，放回水中即可。

4. 水蛇

水蛇以水生动物为食，对苗蛭危害较大。

【防除方法】

（1）加固防逃网，防止蛇类进入。发现有蛇后，用棍子、渔网将池塘内的蛇清除净。

（2）将一把稻草捆好，中间放入新鲜禽蛋壳做诱饵，再在稻草上捆一块石头，沉入蛭塘边沿，在傍晚放入，第 2 天早上从塘内取出，拆开稻草捆将水蛇打死。

（3）用鱼钩钩着小青蛙在水蛇经常活动的水面上下摆动，使钩着的小青蛙在水面发出响声，水蛇听到后，即上钩。

5. 蛙

蛙类对水蛭来说是一种敌害。蛙卵孵出后的蝌蚪与苗蛭争食，影响苗蛭生长发育。

【防除方法】清除青蛙的卵块，发现蟾蜍卵块也一并捞出。

6. 小龙虾

小龙虾是存活于淡水中一种像龙虾的甲壳类动物，善攀爬，极易进入水蛭池残杀水蛭。

【防除方法】进水口用双层 60 目以上的尼龙网，防止虾卵进入；平时注意检查，发现小龙虾后及时抓出。

7. 水鸟

飞鸟、水鸭子对水蛭的侵害时有发生。

【防除方法】为防止鸟类特别是水鸟捕食，可在池周围设定 1～2 个稻草人恐吓。要严禁水鸭子等进入养蛭池。

第七章　水蛭采收、加工利用

在人工养殖条件下，对水蛭适时捕捞、加工、出售，是充分利用养殖设备和场地、加速资金周转、取得经济效益的重要环节。

第一节　水蛭的捕捞

早春繁殖的幼蛭，到9～10月可捕捞加工出售。6月以后放养的幼蛭，在饲料充足、水质良好的情况下，也可以捕捞。7月以后繁殖的幼蛭，到第二年可达20克以上，这时的干品率最高。养殖者可根据水蛭的生长速度和生活习性，从提高经济效益出发，适时捕捞。

捕捞原则是捕大留小，未长大的水蛭宜留到第二年捕捞，采收时可用猪血诱捕，也可用网捕捞，注意全部捕捞后要进行清池。

1. 灯光诱捕

晚上用灯光照射水面，水蛭有趋光性，都集中在灯下水中，然后用手抄网捞取。

2. 猪血诱捕

利用水蛭喜食鲜血的特点，把干稻草扎成两头紧中间松的草把，然后把猪、牛的鲜血涂抹上去，待其凝固后，放入池中，4～5小时后提起草把1次，抖出诱捕到的水蛭，反复多次，可将池中大部分成蛭捕尽。如无生猪血，也可用鸡、鸭、鹅等畜禽的血液代替，也能收到同样效果。

也可用竹筛诱捕（方法见前述）。

3. 排水捕捞

采用池塘养殖的水蛭可先将水排完，然后用网捕捞。排水捕捞水蛭的捕净率很高。

4. 拉网捕捞

养殖面积较大，可使用拉网捕捞。拉网网片由尼龙丝线编织而成，要求网目60目。拉网时先放掉养殖场所的一部分水，然后2～4人从养殖水域两岸一面开始拉网，拉网时要保持底网擦地。拉网捕捞的捕净率一般，需多次操作。

5. 挑选

捞出的水蛭，选择健壮体大（20克/条以上）的留种，集中投放到越冬育种池内养殖。8克以下的水蛭也要挑选出来进入越冬管理环节以供来年养殖。其余水蛭清洗干净，装入容器以待加工。

第二节　水蛭的加工方法

捕捞后的加工是水蛭加工中的初加工，是使鲜活水蛭便于保存和运输的加工。可根据实际需要，有选择地选用不同的加工方法。

一、加　工

不同的加工时期晾晒水蛭得到的干品是不一样的，春季加工的水蛭，由于水蛭刚刚苏醒过来，体内水分较少，此时加工约需要 6 千克活体出 1 千克干品；秋季加工的水蛭，由于水蛭储足营养准备冬眠，需要活体 7.2～7.5 千克，甚至 8 千克的才能晾晒出 1 千克干品；如果是小的活体水蛭约需要 10 千克出 1 千克干品。

加工时一定要选择晴天，阴雨天气无法晾晒，容易造成腐烂变质，晴天一般要暴晒 4～7 天才能完全晒干。如突然遭遇阴雨天气而无法晾晒时，室内空气中的相对湿度又较大时，要放在铁器上用火烤干或用其他烘干方法，但不可烤糊烤黄。

1. 加工方法

水蛭入药的加工方法有生晒法、酒闷法、碱烧法、盐制法、水烫法、烘干法等，但不能用矾制法（矾制法制的水蛭不能入药）。

（1）生晒法：将水蛭用清水洗净，再用铁丝穿起，悬吊在日光下直接暴晒，晒干后便可收存待售。这就是药市上所说的清水吊干货。这种方法加工出的水蛭干品价格高加工方法简单，大多都用此方法加工。

（2）酒闷法：将清洗干净的水蛭放入容器里，倒入高度白酒（一般在 50°以上），以能淹没蛭体即可。加盖密封半小时左右，这时水蛭已经醉死，捞出后用清水洗净，晾晒时最好放在纱网上，悬空晾晒，这样上下通风容易晒干，切忌堆放在一起。此加工法干品质量最好，但成本太高。

（3）碱烧法：将食用碱粉洒入存有水蛭的容器中，随即用双手（戴上长胶皮手套）将水蛭上下翻动，并边翻边揉搓，在碱粉的作用下，水蛭逐渐缩小、死亡，然后用清水冲洗干净，在纱网上晒干即可。

（4）盐制法：将水蛭放入容器里，放一层水蛭，洒一层盐，直到容器装满为止，然后将盐渍死的水蛭放在纱网上晒干即可。因干品含盐分，故收购价格要低一些。同时含盐会返潮，要注意防潮，最好能及时出售。

（5）水烫法：水烫法适合大批量加工。把收捕到的水蛭集中到容器中，将开水迅速倒入以淹没水蛭 2～3 指为宜，20 分钟左右待水蛭死后，即捞出洗净、放在纱网上晒干即可。如发现有的没烫死，要选出再烫 1 次。

（6）烘干法：有条件者可将处死的水蛭洗净后采用低温（70℃）烘干技术烘干。

2. 成品标准

加工质量的好坏决定水蛭售价的高低。加工后的商品水蛭形状完整呈自然扁平长条形，有环节，背部稍隆起，腹部平坦，两头小，中间大，外表褐色或灰褐色，质脆易折断，断面呈胶质状并有光泽。无杂质泥土，味淡而有鱼腥气，手摸肉质有弹性。

二、干品的贮藏

无论采取何种贮藏方法，只要既可防止水蛭腐败变质，又可防止虫蛀的方法都可使用。

1. 缸、瓮贮藏法

传统贮藏一般多采用缸、瓮等器皿，贮藏时可在缸、瓮等的底部放入干燥的可吸湿防潮的石灰，再隔一层透气的隔板或两层滤纸，将水蛭的干品放入，加盖保存即可。缸、瓮口最好密封，防止蛀虫进入啃食。

2. 塑料袋贮藏法

现代贮藏法一般采用现代化的手段，多用特制塑料袋，每袋重量可分为 2 千克、5 千克等，配以真空防潮等手段，既可防止水蛭腐败变质，又可防止虫蛀。

三、出　　售

除在本地药材公司、中医医院销售外，也可在河北安国药材市场、广州清平药材市场、江西樟树药材市场、西安万寿路药材市场、兰州黄河药材市场、成都荷花池五块石药材市场、安徽亳州药材市场、湖北蕲春药材市场、河南禹州药材市场等地销售。

另外，也可以销给治疗心血管病的制药厂。

第三节　水蛭的药用

随着现代医学科学技术的发展，以及临床应用的不断深入，人们对水蛭的"毒性"问题逐步有了更深入的认识，大量的临床实践表明，水蛭入药不论是单方还是复方，不论是服生粉还是入煎剂服用，不论是短期服用还是长期服用，均可取得明显的疗效，很少见毒副作用。

1. 药用加工

药用加工也叫做炮制。根据不同的药用价值，炮制的方法也不同，一般有以下几种方法。

（1）炒水蛭：将滑石粉放在锅里炒热，加入水蛭段，炒到稍鼓起时取出，筛出滑石粉，放凉即可。

（2）油水蛭：把水蛭放入猪油锅内，炸至焦黄色取出，研成末。

（3）焙水蛭：把水蛭放在烧红的瓦片上，焙至淡黄色时取出，研成末。

2. 药用举例

（1）闭经

【配方组成】水蛭30克，生淮山药250克，粳米100克，红糖适量。

【使用方法】水蛭研粉，生淮山药研末备用。粳米洗净，煮粥前将水蛭粉、生淮山药粉一同放入，粥熟后加红糖食用。

【功效主治】具有破血逐瘀、通经美容功效。适用于青春期体壮血瘀闭经者。

（2）肺栓塞

【配方组成】水蛭12克，龙眼6个。

【使用方法】将水蛭烘干，研成细末，喷白酒，捏成6个小丸。填入去核龙眼内，置冰箱内保存，早、晚各吃1个水蛭龙眼。

【功效主治】肺栓塞连吃3个月以上基本可以治愈。

（3）高脂血症

【配方组成】水蛭适量。

【使用方法】水蛭烘干，研粉，装胶囊，每日1克，分3次口服。30日为1个疗程。

【功效主治】降脂。

（4）肩周炎

【配方组成】水蛭60克（切片），黄酒500毫升。

【使用方法】将水蛭泡在黄酒中，封口，一周后使用。口服，每次6～7毫升。一日3次，20日为1个疗程，可连用1～3个疗程。

【功效主治】祛风，活血，通络。

（5）急性结膜炎

【配方组成】活水蛭3条，生蜂蜜6毫升。

【使用方法】将活水蛭置于生蜂蜜中，6小时后取浸液贮瓶内备用。每日滴眼1次，每次1～2滴。一般1～5天治愈。

【功效主治】对慢性结膜炎及翼状胬肉也有一定疗效。

（6）慢性萎缩性胃炎

【配方组成】蒲公英30克，生甘草10克，水蛭3克。

【使用方法】诸药研粉。每次服10克，每日3次，温开水送服。3个月为1个疗程。

【功效主治】清热养胃，益气散瘀。

（7）痛风性关节炎

【配方组成】山慈姑、生大黄、水蛭各 200 克，玄明粉 300 克，甘遂 100 克。

【使用方法】诸药共研细末，过 100 目筛，消毒，混匀，装瓶备用。用时每次 3～5 克，以薄荷油调匀外敷患部关节，隔日 1 次。10 天为 1 个疗程。

【功效主治】清热化湿，逐瘀通痹。

（8）髌骨软骨软化症

【配方组成】水蛭、白芨、牛膝各 10 克，土鳖虫、丹参各 20 克，紫河车、骨碎补、茯苓、没药各 15 克，血竭 6 克。

【使用方法】每日 1 剂，水煎，分 2 次服。5 剂为 1 个疗程。

【功效主治】活血化瘀、通络定痛。

（9）主治慢性咽炎

【配方组成】郁金、枳壳、穿山甲、水蛭、苏木、红花、昆布、海藻、桔梗、浙贝母、玄参、西洋参等各 60～90 克。

【使用方法】诸药经科学方法精制加工成胶囊，口服，每日 3 次，每次 3～4 粒。

【功效主治】理气，活血，消痰，养肺。

（10）非细菌性前列腺炎

【配方组成】当归、酒白芍各 15 克，山药、白花蛇舌草各 30 克，益母草 50 克，柴胡、红花、牛膝、生甘草、鸡内金各 10 克，蜈蚣 3 条，炙水蛭 5 克。

【使用方法】将益母草、白花蛇舌草水煎，浓缩成半稠膏，将余药共研细末，掺入药液中，烘干研末，水蜜丸如梧桐子大，每服 9 克，每日 2～3 次。30 天为 1 个疗程。

【功效主治】通精化瘀，活血行络。

（11）外痔

【配方组成】丹参、黄柏、降香、芒硝各 20 克，川椒 15 克，水蛭 10 克，冰片 6 克。

【使用方法】将以上药物粉碎，过 80 目筛，加入医用凡士林 200 克，充分调匀备用。取药膏适量，敷于痔核表面，消毒纱布覆盖，胶布固定，每日换药 3 次。连用 5 日。

【功效主治】活血祛瘀，消肿止痛。

参 考 文 献

1. 李庆乐. 水蛭人工养殖技术. 南宁：广西科学技术出版社，2002.

2. 刘明山. 水蛭养殖技术. 北京：金盾出版社，2002.

3. 向前. 图文精解养水蛭技术. 郑州：中原农民出版社，2005.

4. 于洪贤. 水蛭人工养殖技术. 哈尔滨：东北林业大学出版社，2001.

5. 马建创. 水蛭的人工饲养. 北京：中国农业出版社，2002.

6. 王冲，刘刚. 水蛭养殖与加工技术. 武汉：湖北科技出版社，2006.

7. 王安纲. 宽体金线蛭的实用养殖技术. 北京水产，2004-10-18.

8. 朱建华. 水蛭养殖引种指南. 水蛭养殖百事通，2010-1-13.

内 容 简 介

水蛭是一味常用中药材，近年来，随着医学临床运用的拓展和农药、化肥用量的增加，以及工农业"三废"对环境的污染，野生水蛭资源锐减，其价格一直稳中有升。本书主要介绍了水蛭的养殖价值，水蛭的生物学特性，养殖场地的选择与建造，活体饵料的培育，水蛭的引种、繁殖，饲养管理，病虫害防治以及采收、加工等内容，科学实用，语言通俗易懂，对水蛭实际生产具有很强的指导作用，可供已养殖或想养殖水蛭的养殖户、专业技术人员、农村职业高中和农业院校的师生阅读参考。